U0318358

环境科学丛书

Series of Environmental Science

清新的空气

张 哲 编著

大连出版社
DALIAN PUBLISHING HOUSE

图书在版编目（CIP）数据

清新的空气/张哲编著. －2版. －大连：大连出版社，2015.7（2019.3重印）
（环境科学丛书）
ISBN 978-7-5505-0910-8

Ⅰ. ①清… Ⅱ. ①张… Ⅲ. ①空气污染—污染防治—青少年读物 Ⅳ. ①X51-49

中国版本图书馆CIP数据核字（2015）第135537号

环境科学丛书
Series of Environmental Science

清新的空气

出 版 人：刘明辉
策划编辑：金东秀
责任编辑：金东秀 李玉芝
封面设计：李亚兵
责任校对：刘丽君
责任印制：徐丽红

出版发行者：大连出版社
地址：大连市高新园区亿阳路6号三丰大厦A座18层
邮编：116023
电话：0411-83620941 0411-83621075
传真：0411-83610391
网址：http：//www.dlmpm.com
邮箱：jdx@dlmpm.com
印 刷 者：保定市铭泰达印刷有限公司
经 销 商：全国新华书店

幅面尺寸：160 mm × 223 mm
印 张：8
字 数：120千字
出版时间：2013年9月第1版
2015年7月第2版
印刷时间：2019年3月第5次印刷
书 号：ISBN 978-7-5505-0910-8
定 价：23.80元

我们是大自然的一分子，
珍爱大自然就是珍爱我们自己。
保护环境，人人有责。
爱护环境，从我做起。

前言 FOREWORD

地球是我们人类赖以生存的家园。以人类目前的认知,宇宙中只有我们生存的这颗星球上有生命存在,也只有在地球上,人类才能生存。自古以来,人类就凭借双手改造着自然。从上古时的大禹治水到今日的三峡工程,人类在为自己的生活环境而不断改造着自然的同时,也制造着环境问题,比如森林过度砍伐、大气污染、水土流失……

每个人都希望自己生活在一个舒适的环境中,而地球恰好为人类的生存提供了得天独厚的条件。然而,伴随着社会发展而来的,是各种反常的自然现象:从加利福尼亚的暴风雪到孟加拉平原的大洪水,从席卷地中海沿岸的高温热流到持续多年无法缓解的非洲草原大面积干旱,再到1998年我国肆虐的洪水。清水变成了浊浪,静静的流淌变成了怒不可遏的挣扎,孕育变成了肆虐,“母亲”变成了“暴君”。地球仿佛在发疟疾似的颤抖,人类对此却束手无策。“厄尔尼诺”,这个挺新鲜的名词,像幽灵一样在世界徘徊。人类社会在它的缔造者面前,也变得光怪陆离,越来越难以驾驭了。

出版这套丛书就是为了使广大青少年读者能够全面、系统地认识我们人类已经或即将面对的各种环境污染问题,唤醒我们爱护环境、保护环境的心。让我们从一点一滴的环保行动做起,从这一刻开始,不因善小而不为,在以后的生活中多一分关注,多一分共同承担,用小行动保护大地球!

目录 CONTENTS

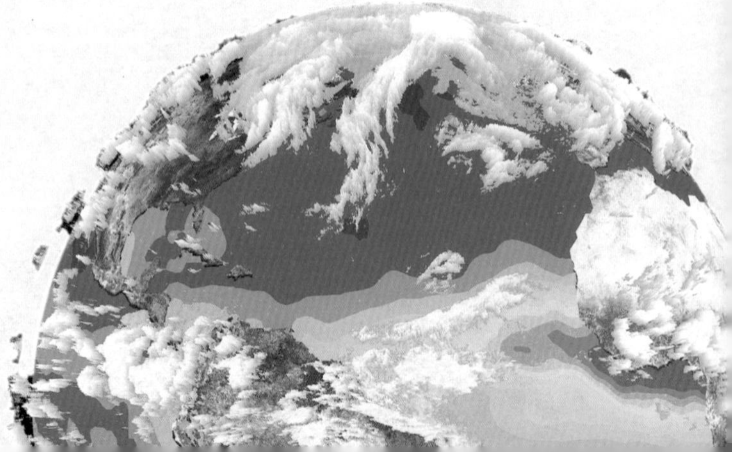

大气与生命

像鱼类生活在水中一样，我们人类生活在大气的包围中，并且一刻也离不开大气。大气为地球上生物的繁衍、人类的发展提供了理想的环境。它的变化时时刻刻影响着人类的活动与生存。

▲ 地球上的生命从无到有，从简单到复杂，从低级到高级，是一个螺旋式的发展演化过程。

生命的温床

在大气这张孕育地球生命的温床的庇护下，生命从海洋走上了陆地，从低级演变成高级，发展成为今天这个几十亿人口和无数生命物种共同生存的多彩世界。

生命卫士

太阳辐射虽说是地球生物进化发展的重要能量来源，但其中的带电粒子、紫外线和X射线都对人类有伤害。而大气层中的电离层和臭氧层与地球磁场共同组成三道防线，抵御了太阳辐射中的有害成分，使地球上的生命得到保护。

大气污染

大气给人以保护，但是也会受到人类活动的影响而发生变化。人类活动及其他原因产生的废气等污染物被排放到大气中，形成大气污染。当这些污染物的浓度达到一定程度，就会对人类和动植物造成危害。

▲ 大气污染

并不单纯的空气

人没有食物可以活两周，没有水可以活 7 天，但没有空气仅能维持几分钟。我们呼吸空气以维持生命。虽然空气看不见、摸不着，但我们可以真切地感受到它每时每刻都在我们的周围。

拉瓦锡和他的妻子

不单纯的气体

长期以来，人们一直认为空气是一种单一的物质，直到拉瓦锡通过实验得出了空气是由氧气和氮气组成的结论，人们才改变这一错误认识。后来，科学家又通过实验发现，空气里还有氦、氩、氙等稀有气体。

空气的成分

空气是由多种气体组成的，其中氮气约占 78%，之后依次是约占 21%的氧气，约占 0.94%的稀有气体，约占 0.03%的二氧化碳，约占 0.03%的其他气体和杂质。随着高度、气压的改变，空气成分的组成比例也会改变。

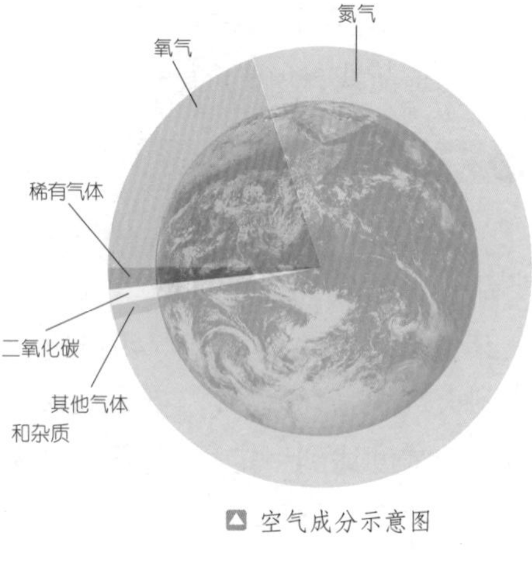

空气成分示意图

光合作用示意图

有用的气体

空气中的氧气对于所有需氧生物都是必需的。动物呼吸空气中的氧气，释放二氧化碳，而植物利用空气中的二氧化碳进行光合作用，释放氧气。二氧化碳是几乎所有植物碳的唯一来源。

我和环保

太阳系许多行星上都有空气，只是在太阳系形成初期，其他行星上的氧气被强烈的太阳风吹走了，只留下了几种气体，地球上的空气因有臭氧的保护才没被吹走。

痕量气体

痕量气体也是空气的组成成分，但是由于它的总量非常小，所以变化幅度非常大，人类生产活动和自然现象（比如火山活动）都可以在短期导致其浓度波动。

火山喷发

大气的分层

从地球表面向上，随着高度的增加，空气越来越稀薄。大气的上限可延伸到2000~3000千米的高度。根据大气层温度和高度的变化，大气层由地面垂直向上分为对流层、平流层、中间层、暖层和外层。

对流层

对流层是大气的最底层，集中了75%的大气质量和90%的水汽。在对流层，平均每升高100米，气温降低0.65℃。因为地面性质不同，从而导致受热不均，产生空气对流运动。

我和环保

暖层顶以上称为外层或者散逸层，它是大气的最外一层。在这里，空气极其稀薄，气温也随着高度的增加而升高。大气层与星际空间是逐渐过渡的，并没有明显的界限。

▼ 对流层的天气复杂多变，雾、雨、雪等都集中在对流层。

平流层

从对流层顶到约 55 千米的高度为平流层。这里的水汽、尘埃含量极少，因此天气晴朗，大气透明度好。平流层的下层气温变化很小，而在 20 千米以上，气温则随着高度的增加而显著升高。

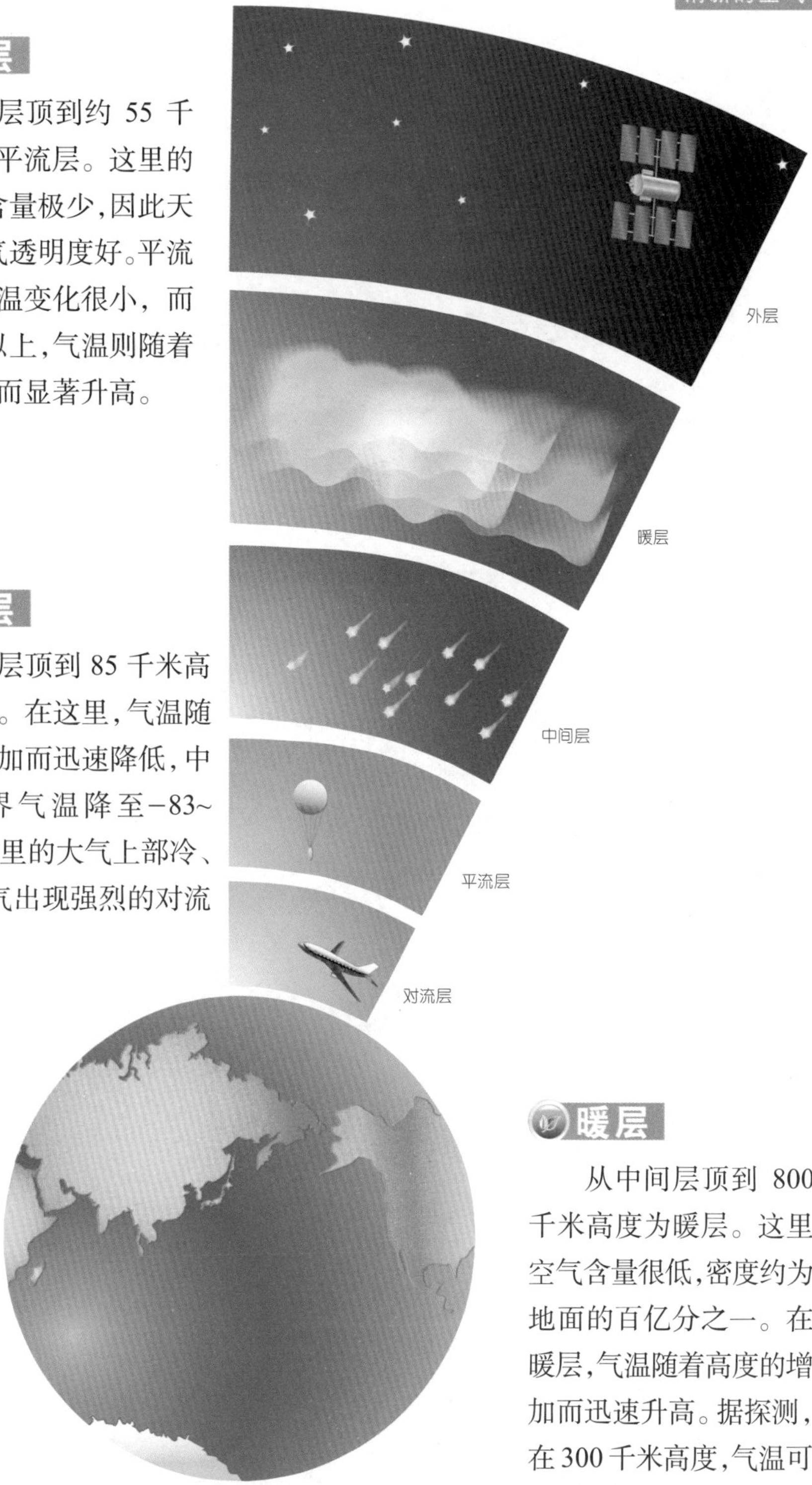

大气分层示意图

中间层

从平流层顶到 85 千米高度为中间层。在这里，气温随着高度的增加而迅速降低，中间层的顶界气温降至−83~−113℃。这里的大气上部冷、下部暖，空气出现强烈的对流运动。

暖层

从中间层顶到 800 千米高度为暖层。这里空气含量很低，密度约为地面的百亿分之一。在暖层，气温随着高度的增加而迅速升高。据探测，在 300 千米高度，气温可达 1 000℃以上。

含水的空气

地球周围的空气就像一个巨大的储水器，不过它存储的不是液态的水，而是水蒸气。这些水蒸气使空气变得湿润。有时候空气中的水分多，这时空气就是潮湿的；有时候空气中的水分少，这时空气就是干燥的。

水分来源

我们身边看不见的空气并没有将整个空间占满，它们之间还有很多的空隙，因此其他的气体可以进入。地面上和湖泊、海洋等中的水由于蒸发而形成水蒸气，进入到空气中。

我和环保

冬天的时候，人呼出的空气是白色的。这是因为人呼出的气体中含有大量的水分，这些水分突然遇冷就会凝结成小水珠，小水珠聚集在一起看起来就像白雾一样。

▽ 海洋上空空气湿度大，水蒸气丰富，在无风的天气就容易形成大雾。

水汽上升

地面上的水蒸发形成水蒸气，水蒸气不会待在原地，而是随着空气不断向高空移动，形成高空中的水蒸气。当这些水蒸气遇冷就会变成云朵，如果空气托不住云朵，就会形成降水。

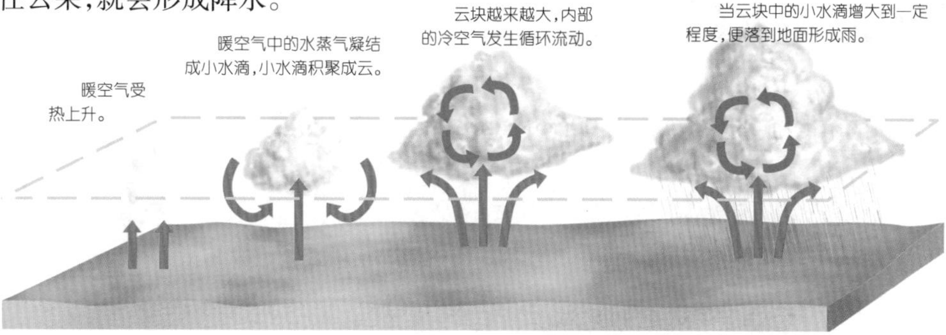
暖空气受
热上升。
暖空气中的水蒸气凝结
成小水滴，小水滴积聚成云。
云块越来越大，内部
的冷空气发生循环流动。
当云块中的小水滴增大到一定
程度，便落到地面形成雨。

雨的形成过程示意图

能量来源

水从液态变成气态是需要能量的。太阳光透过空气照射到物体上，物体的能量就会增加，富余的能量使物体上的水慢慢地蒸发变成水蒸气，进入到空气中。

露珠

形成露珠

夏日清晨，植物叶子上有很多的小露珠。夜晚温度降低时，空气中的水蒸气凝结在叶子上便形成了露珠。太阳出来后，空气温度上升，露珠又重新变成水蒸气进入到空气中。

沉重的空气

在炎炎夏日快要下雨的时候，我们总会感觉空气非常闷热，呼吸不畅，这其实是由于空气压强(也就是我们所说的气压)变低引起的。在地球上，有的地方气压高，有的地方气压低。气压的变化带来天气的变化。

1649~1651 年，帕斯卡同他的合作者皮埃尔详细测量了同一地点的大气压变化情况，成为利用气压计进行天气预报的先驱。

什么是气压

气压就是大气压力，简称大气压，单位是帕。空气中大量气体分子频繁地碰撞地面，对地面的作用力是持续的、均匀的，这个作用力与地面面积的比值就是气压值。

标准的气压值

大气有压力，那气压标准值是多大呢？1954 年，第十届国际计量大会规定，1 标准大气压=101 325 帕。

青藏高原气压低，仅及海平面气压的一半，初去青藏高原旅游的人易产生高原反应。

影响因素

气压的大小与海拔、温度、大气密度等有关，一般随着海拔的升高而递减。气压变化与风、天气的好坏等关系密切，低气压会带来多云、多雨或有风的天气，因而气压是重要的气象因素。

我和环保

一般人到达高原地区千万不要做剧烈运动，因为那里空气稀薄，气压很低，剧烈运动时人体会缺氧，出现头晕、头痛、恶心、呕吐和无力等症状，甚至会产生肺水肿和昏迷等高原反应。

马德堡半球实验

为了证明大气存在压力，奥托·冯格里克做了著名的马德堡半球实验。他将两个空心铜半球合起来，然后把铜球里的空气抽掉，用了 16 匹马向相反方向拉，像拔河比赛一样。随着一声巨响，铜球才一分为二。

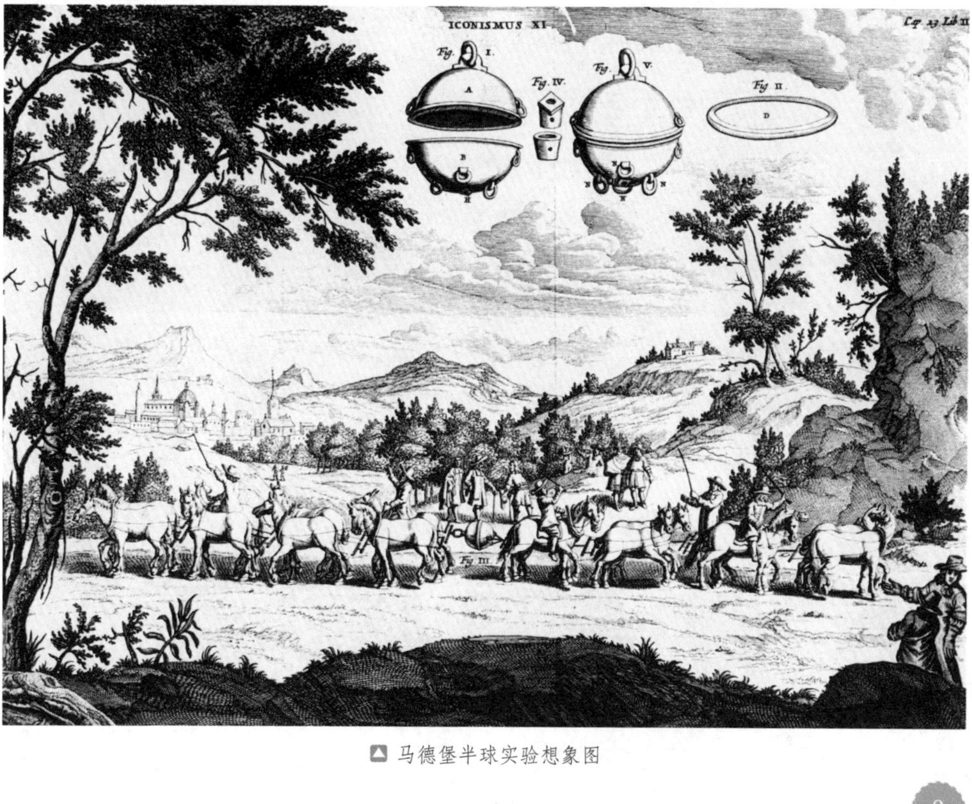

马德堡半球实验想象图

空气的温度

当冷风吹来的时候，我们会觉得凉飕飕的，这时空气中的热量就会散失，气温会降低。不同的地方气温不同，就是同一个地方，气温也会随着时间的不同而时刻发生着变化。通常，早晨和夜晚的气温低，而中午的气温高。

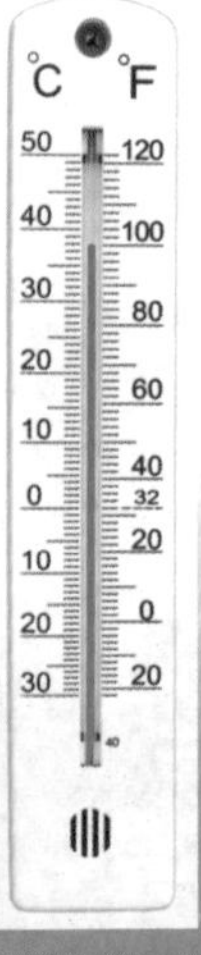

▲ 温度计

测量气温

如果你观察仔细，就会发现，当气温高的时候，温度计内的液体就会上升，温度低时，这些液体就会下降。依靠灵敏的温度计，我们可以知道周围的空气温度是多少。

不同纬度的气温

为什么地球会同时存在冬天和夏天？这是因为不同纬度受到太阳照射的时间和强度不同。赤道和低纬度地区没有冬天，两极和高纬度地区没有夏天，只有中纬度地区才四季分明。

▼ 南极没有四季之分，仅有暖、寒季的区别。

高山上的温度低，雪可以长时间保存，游人可以在山上面滑雪。

不同海拔的气温

当你爬山的时候，你会发现，山顶的温度要比山脚的温度低。这是因为海拔越高，空气越稀薄，气温就越低；海拔越低，空气越浓厚，气温就越高。

感受颇高的气温

气象部门测量的气温是指不受太阳直接照射的自由流动的空气的温度。测温仪器被放在通风良好的百叶箱内，避免直接在太阳光下暴晒，因此所测量的空气温度小于人体感受的温度。

我和环保

每到夏天，人们把空调温度调到很低，将热气排放到室外，但这样既不环保也不健康。空调温度太低不仅浪费能源，还可能使人感冒，吹空调时间久了，人甚至会得空调病。

温室效应

近百年来，全球气候正在以异乎寻常的速度变暖。全球气候变暖破坏着生态的平衡，向人类提出了挑战，亮出了一张令人深思的黄牌。温室效应是影响全球气候变暖的重要原因之一。

能量来源

太阳辐射是地球和大气最主要的能量来源。辐射是指以电磁波或粒子的形式向外传送能量。太阳辐射通过大气层时，很少部分被大气直接吸收，余下的大部分到达地面。

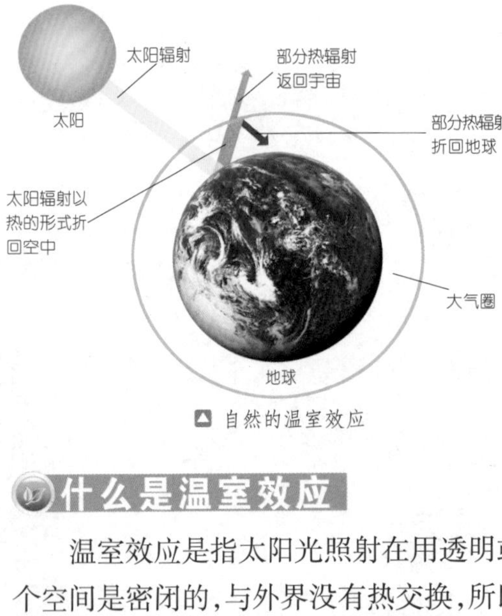

自然的温室效应

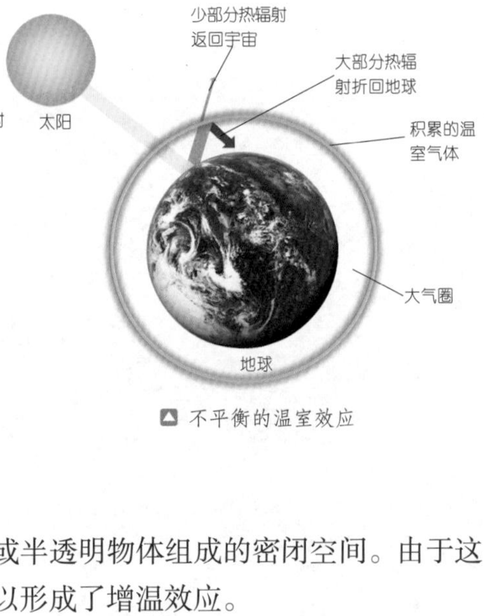

不平衡的温室效应

什么是温室效应

温室效应是指太阳光照射在用透明或半透明物体组成的密闭空间。由于这个空间是密闭的，与外界没有热交换，所以形成了增温效应。

如果大气不存在温室效应,那么地表温度将会下降约3℃或更多;反之,若温室效应不断加强,全球温度也必将逐年持续升高。

温室效应的作用

温室效应并不等于现在被当作气候灾难的全球气候变暖问题。事实上，温室效应保持了地球温暖而稳定的环境，是生物得以生存的关键条件。科学家曾推算过，如果没有大气以及相关的温室效应，地球表面温度大约会是−18℃。

大气中的温室效应

大气中存在一些微量气体，它们也有类似上述密闭空间的功能，能让太阳短波辐射自由通过，同时吸收地面和大气中的长波辐射，从而造成地表温度升高。

人类活动的影响

近几十年来,由于人口数量增加、工业发展、城市化进程加快和森林过度砍伐等原因,大气中的二氧化碳和甲烷等温室气体显著增加,所带来的温室效应已经对人类的生活构成了严重的危害。

人类增加对环境的影响很大

变暖的元凶

在引起温室效应的气体中，二氧化碳和甲烷起着主要作用。自工业革命以来,大气中二氧化碳的含量急剧增加,从而导致全球气候变暖。

△ 气候变暖影响着人类的生存与发展

“发烧”的地球

人类向大气中排放的二氧化碳等温室气体在逐年增加，温室效应随之增强，引起了全球气候变暖等一系列严重问题。而城市的发展和人为活动余热的大量排放,在一定程度上加剧了全球气候变暖的势头。

农业上的危害

温室效应带来的全球气候变暖,会使病虫害增加,而过多的紫外线会抑制植物生长。气候变化和植被改变会使农业生态发生改变,最终造成农业减产。

大熊猫数量十分稀少，属于国家一类保护动物，被称为“国宝”。

阻断物种延续

近百年来，随着原有的生态平衡遭到破坏，已经有许多物种灭绝，许多原来数量繁多的物种现在也成为稀有生物，濒临灭绝，物种延续受到阻断。

黄土高原是我国水土流失最严重的地区。长期的水土侵蚀切割，塑造了黄土高原残塬、墚、峁和沟谷等多种地貌形态。

打破原有平衡

气候变暖还会破坏地球上现有的植被，从而导致原有的生态平衡遭到破坏，沙漠和荒漠化土地面积扩大。在原有的生态平衡被破坏后，再建立起新的生态平衡是一个很难很漫长的过程。

侵袭人的热浪

气候变暖使热浪不断袭击人类。1999 年 7 月，美国的热浪使至少 150 人丧生。高温会引发人类的心脏和呼吸系统方面的疾病，严重者甚至会死亡。

沙漠

《京都议定书》

全球日益升高的气温，使诸多自然灾害与人为灾害不断出现，人类不得不每天面对气候变暖带来的生命威胁。为了有效地避免和减少这些威胁的发生，世界各国政府已经展开了有力的行动，《京都议定书》的签订就是一个很好的证明。

异常的气候

科学家对人类活动增加了大气中温室气体的浓度导致气候变化的研究，最早开始于19世纪末。此后，科学家注意到，20世纪北半球温度的增幅可能是过去1 000年中最高的。

目前的气候变化，有90%以上可能是人类自己的责任。

国际公约

1992 年 5 月，在纽约联合国总部通过了《联合国气候变化框架公约》，这是世界上第一个为全面控制二氧化碳等温室气体排放，以应对全球气候变暖给人类经济和社会带来不利影响而签订的国际公约。

《京都议定书》的参与国

签订《京都议定书》

由于《联合国气候变化框架公约》只是一个总体规划，没有指出控制温室气体的具体措施，1997 年 12 月，《联合国气候变化框架公约》缔约方在日本京都召开的第三次会议上通过了《京都议定书》，用以控制发达国家温室气体排放量，来减缓全球气候变暖的步伐。

艰难前进

美国作为世界头号发达国家，温室气体的排放量占全球温室气体排放量的 25%以上。虽然美国曾于 1998 年签署过《京都议定书》，但是 2001 年，布什政府却拒绝批准执行《京都议定书》，这大大影响了人类减缓全球气候变暖的进程。

我和环保

我们若是能保证夏季室内空调在 28℃的温度下生活和工作，将可以减少 7 万多吨的二氧化碳被排入空中。

融化的冰川

冰雪消融，在不少人的心目中是一个春天即将来临的讯号，但是一直密切关注全球气候变暖的科学家却对此忧心忡忡。全球气候变暖而引起的冰川消融，正在对人类以及其他物种的生存造成严重的威胁。

水源危机

冰川是地球上最大的淡水水库，世界上有数十亿的人口依靠冰川融水生活、生产，因此气候变暖，冰川过度消融后，会引起严重的淡水资源缺乏，给人们带来水源危机。

▼ 逐渐消融的冰川

灾难性的后果

冰川消融带来的直接结果就是使全球的海平面上升。海平面上升对人类的危害主要表现为:沿海陆地面积缩小,引起洪水灾害，淹没城镇等。由于世界人口、工业、经济等主要集中在沿海地区,据推测,今后海平面每上升 1 米,全世界受灾人口将达 10 亿。

我和环保

为了能够有效应对日益严重的温室效应,我国制定了鼓励节能环保型小排量汽车消费的政策,取消针对节能环保型小排量汽车的各种限制,引导公众树立节约型消费理念。

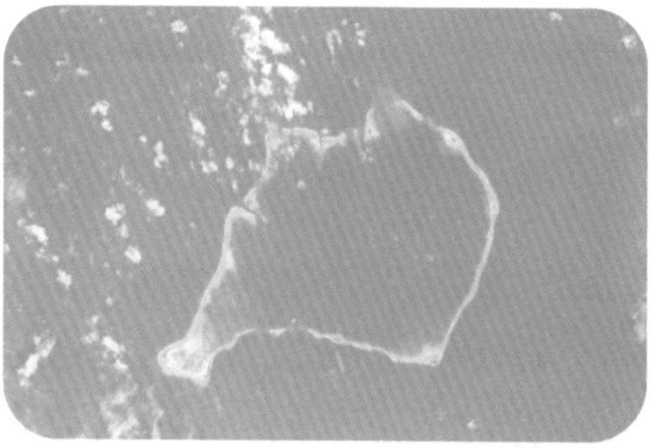

△ 富纳富提是图瓦卢的首都,建于富纳富提环礁上。

即将被淹没的国度

图瓦卢是新西兰以北太平洋上的一个小岛国，由 9 个环形珊瑚岛群组成，平均海拔 1.5 米。随着气候变暖而引起的海平面不断上升,大量的海水已经淹没了这个国家的土地。有专家预言,如果地球环境继续恶化,在 50 年之内,9 个小岛将全部没入海中,图瓦卢将在世界地图上永远消失。

遭破坏的环境

北极熊一直生活在海洋冰层上,而每年夏季,北冰洋地区被冰层覆盖的面积正在逐年递减,因此,北极熊的生存环境日渐恶化。有科学家预言,21 世纪末，北极的海洋冰层有可能在夏季时全部融化，届时北极熊就可能灭亡。

△ 在融化的冰层上猎食的北极熊

蔚蓝的天空

蓝天，白云，清新的空气，灿烂的阳光，是这个星球本来的面目。但是，随着大气中污染物的日益增多，天空也渐渐失去了蓝色……

蓝色奥秘

空气中含有许多微小的灰尘、水滴等物质，如果大气比较洁净，在晴朗的天气里，当太阳光通过空气时，波长较长的红、橙、黄光都能穿透大气层，直接到达地面，而波长较短的蓝、紫、靛等光，很容易被空气中的微粒阻挡，散射向四方，使天空呈现蓝色。

▼ 蓝天、白云、绿草给人一种清新、愉悦、放松的感觉。

灰尘的来源

大气中灰尘的来源有自然因素，也有人为因素。火山灰、宇宙尘埃、风扬沙尘、植物的花粉和种子、森林着火后的灰烬等，都构成了地球大气中的灰尘。

汽车在有尘土的路面上行驶时，从路面上卷起的灰尘会跟随汽车后面“滚滚而来”。

什么是粉尘

粉尘是由于物体粉碎而产生和分散到空气中的微粒，其粒径大小差别较大，大的肉眼就可以看见，小的则需高倍显微镜才能看见。

悬浮微粒

大气中的灰尘中还有一种凝结核物质，它是大气中的水汽能在其上面凝结成小水滴的悬浮微粒。这些凝结核是构成雨雪的基础物质。

下雪

灰尘的作用

大气中的灰尘能充当水汽的凝结核，加速大气中成云致雨的过程；它能吸收部分太阳辐射，又能削弱太阳直接辐射和阻挡地面长波辐射，对地面和大气的温度变化产生一定的影响。

灰色的天空

很多时候重污染地区的天空都呈现灰色，这是因为大气中增加了比较多的比分子大得多的颗粒物，这种颗粒物对阳光各波长光线的散射没有选择性，加上对阳光的阻挡作用，所以使天空呈现灰色。

扬尘

颗粒物的种类

大气中这些颗粒物包括自然界的扬尘、火山灰、花粉和人类燃烧矿物燃料（如工业中燃烧的煤、石油等）所产生的大量烟尘及工业粉尘。

灰尘的危害

这些比分子还大的颗粒物使天空呈现灰色，影响人类的呼吸，有毒颗粒物危害植物，影响地面和大气的温度，甚至还会引发疾病。

△ 当大量灰尘进入鼻腔后，人就会打喷嚏来赶走灰尘。

改善环境

要想改善环境，恢复天空本来的蓝色，就必须停止向大气中排放颗粒物，限制矿物燃料特别是固体矿物燃料的燃烧，还要多种植树木，绿化我们生活的环境。

▽ 植树造林不仅可以绿化和美化家园，还能扩大山林资源，防止水土流失，调节气候，促进经济发展等。

空气质量测定

空气的好坏，人们很早以前就有了一个概念，即用直觉来判断，以有无恶臭作为判断的标准。自从工业革命以来，由于工业发达国家不断出现的大气污染事件，人们对空气质量的重要性有了更深入的认识，科学的空气质量测定也应运而生。

当我们生活在受到污染的空气之中时，健康就会受到影响。

复杂的空气质量

近百年来，人们对空气质量形成和变化的化学和物理过程做过详细调查、监测、研究后得知，能见度不能作为判定空气质量的唯一标准，因为空气质量的变化是复杂的，受许多因素的影响。

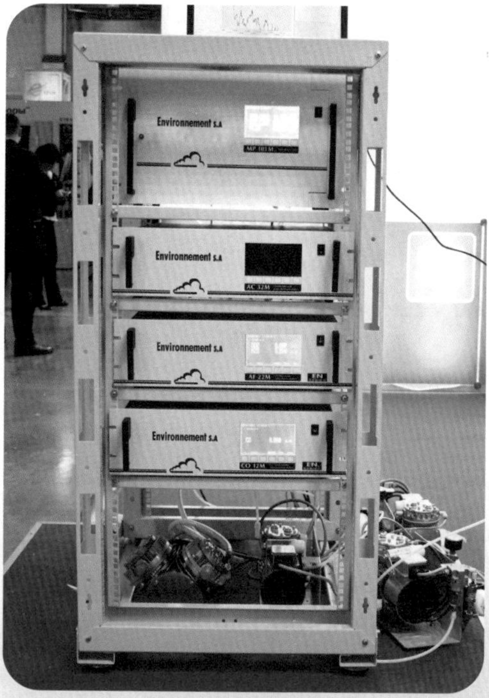

空气质量自动监测系统

测定空气质量

现在世界各国所公布的空气质量标准是根据当今科学技术水平所做毒理试验和流行病资料，并结合各国实际情况制定的。

发达国家空气质量测定

美国、荷兰、德国等一些工业发达国家采用先进的大气实时动态监测系统，开展空气污染浓度预报和空气污染潜势预报，为当地政府提供依据，对可能出现的空气污染提前采取措施。

空气质量标准

1982 年，我国国务院原环境保护领导小组发布了《中华人民共和国国家标准：大气环境质量标准》。该标准分为三级：一级为保护自然生态和人群健康，在长期接触情况下，不发生任何危害影响的空气质量要求；二级为保护人群健康和城市、乡村的动植物，在长期和短期接触情况下，不发生伤害的空气质量要求；三级为保护人群不发生急、慢性中毒和城市一般动植物正常生长的空气质量要求。

我和环保

我国重点城市的空气质量日报主要包括三个方面的内容：首要污染物、空气质量指数和空气质量级别。

气候变化

气候变化是一种极为复杂的自然现象，它不仅决定着地球上一个地区土壤、植被种类的形成，还影响着人类的活动。

气候的定义

气候是某一地区多年中常见的和特殊年份偶然出现的天气状况的综合，它与天气有着密不可分的关系。

▲ 太阳辐射是气候系统的主要能源

▼ 夏季气候炎热，人们在烈日下活动时会打遮阳伞以防止被晒伤。

气候系统

气候系统由大气圈、水圈、陆地表面、冰雪圈和生物圈五个部分组成。太阳辐射是这个系统的主要能源。

冬天气候变得寒冷，人们会穿着厚厚的棉衣来防寒。

气候与天气的关系

气候与天气有着密切的关系：天气是气候的基础，气候是对天气的概括。一个地方的气候特征是通过该地区各气象要素多年以来的综合状况反映出来的。

我和环保

据考证，最早期的人类在体征上都差不多。在随后的人类大迁徙中，为了适应不同的气候条件，人类才出现了不同的肤色和其他身体特征，从而形成了今天世界上不同的人种。

气候对人类的意义

无论是自然原因还是人为原因造成的地球气候系统的变化，对人类来说都意味着灾难的来临。早期的气候变化主要是自然因素，而随着人类的飞速发展，人类的某些活动逐渐成为改变当今气候的重要因素之一。

全球气候变暖是发生水灾的重要原因之一

风从哪里来

风是一种自然现象，我们也可以轻易地感受到风的存在。如果没有风的存在，地球上就没有云，也就没有雨雪等天气现象。为什么我们感受到的风会来自不同的方向？风到底是从哪里来的呢？

▲ 没有风风筝飞不起来

风的形成

风是空气流动的结果。当太阳光照射地球时，就会造成地球表面空气的温度不同，温度高的空气缓缓上升，温度低的空气慢慢下沉，从而形成了对流，这就是风。

我和环保

风是一种清洁能源。人们利用风力来推动风车转动，为人们提供动力。现在，人们还能利用风力来发电，为人类提供电能。

从两极到沿海

在寒冷的两极聚集着大部分的冷空气，这些冷空气会流向沿海地区，所经过的地方气温会骤降。中国的冬季，主要刮呼啸寒冷的偏北风；夏季，主要刮温暖潮湿的偏南风。

地球对风的影响

地球是会转动的，因此它对风的方向和大小会产生一些影响。因为地球的转动，冷空气不是沿着直线进入气压低的地方，而是沿着螺旋线进入那里。

适度的风速对农田环境的改善起着重要作用。

不同等级的风

风也有大小，微风只能吹起羽毛，而大风能刮翻汽车。现在，风被分为 0~17 级 18 个等级，等级越高，力量越大。一般情况下，12 级以上的大风极少出现。

风能给人类造福，也能给人类带来灾害。图为风车发电。

怒吼的大气

有时空气流动非常缓慢，连羽毛都吹不起来；有时空气流动非常快，以至于把树都吹倒了，街上的汽车也被刮得晃动起来。龙卷风和飓风更是厉害，它们的破坏力大得惊人，谁要是遇见它们，最好赶紧找个安全的地方避开。

恐怖的“巨龙”

龙卷风是一种高速旋转的风，它内部的空气稀薄，温度极低，水汽在这里凝结成巨大的漏斗状云柱。龙卷风的影响范围不大，持续时间也不长，但破坏力极强，瞬间就会将庄稼、树木摧毁。

龙卷风

发生的时间

夏季是龙卷风的高发期，尤其是夏季的下午至傍晚，天气变化剧烈，在这种气象条件下龙卷风比较容易形成。龙卷风的持续时间一般只有几分钟，最长也不超过数小时。

美国是发生龙卷风最多的国家

△ 龙卷风在水面上空形成“龙吸水”

庞然大物

在靠近赤道的海洋，水分丰富的冷空气向巨大的低气压移动，就生成了飓风。飓风的影响范围比整个英国还要大。如此的庞然大物快速地靠近陆地，所带来的破坏力就可想而知了。

我和环保

飓风和台风本身是一样的，都是巨大的热带气旋，只是由于发生地域不同，才有了不同的名称。生成于西北太平洋和中国南海的被称为台风；生成于大西洋及北太平洋东部的则被称为飓风。

运动

飓风是一种巨大的气旋。它和龙卷风一样，因为地球自己在转动，于是飓风在形成的时候也就跟着旋转了。飓风在北半球和南半球的旋转方向正好相反。

△ 卫星拍摄到的飓风

守时的季风

地球每到一定时期就会刮起特定的风,我们称之为季风。大约有6个月的时间季风朝着一个方向吹,另外6个月朝着相反的方向吹。季风和季节以及地理区域有很大的关系,它对一个地区的气候有很大的影响。因此季风成为了科学家们一直研究的对象。

冷暖空气的较量

季风持续的时间很长,影响的范围也极广。这是因为季风是由大陆冷空气团和海洋暖空气团相互作用形成的。这两股巨大的气团交汇时相互挤压,哪方力量弱,季风就吹向哪方。

我和环保

我国的西北地区干旱少雨,如果能将喜马拉雅山炸开一个口子,印度洋的暖湿气流就能到达我国西北部,但这只是一个设想而已。

季风活动范围很广,它影响着地球上1/4的面积和1/2人口的生活。

冬夏季季风

夏季，海面上的空气温度低，而陆地上的空气温度高，它们之间就有了压力差，因此夏季风就由冷洋面吹向暖大陆。冬季，陆地上的空气温度低，而海面上的空气温度高，两股空气产生环流，就形成了由陆地吹向海洋的冬季风。

被季风吹歪的树

季风的影响

如果没有季风，我们的生活将会乱成一团。夏季，季风将海洋湿润的空气带到了陆地，湿润的空气变成云后形成降水；冬季，风吹向海洋，空气干燥，因此天气晴好，形成旱季。

古人对季风的认识

在我国古代，人们就利用季风进行航海活动，并取得了辉煌的成就。明代郑和七下西洋，有六次都利用了季风。船队在冬季的东北季风期间出发，在西南季风期间归航。

厄尔尼诺现象

近几年来，世界各国的媒体都在关注着这样一个气象名词：厄尔尼诺。它被视为众多自然灾害的肇事者，如非洲大陆上的干旱、北美洲的洪水等。“厄尔尼诺”也几乎成了灾难的代名词！

罪魁祸首

秘鲁利马以南的沿海是一个富饶美丽的渔场。1982~1983 年，沿海庞大的鳀鱼群突然失踪了，原来生机勃勃的海滩上一片凄凉。渔民们无鱼可捕，鱼粉厂没有原料，濒于倒闭。引起这一切的罪魁祸首就是厄尔尼诺。

强大的“圣婴”

厄尔尼诺是热带大气和海洋相互作用的产物，它原指赤道海面的一种异常增温，现在指在全球范围内，海气相互作用下造成的气候异常。“厄尔尼诺”一词来自西班牙语，意为“圣婴”。

我和环保

1998 年 2 月 3 日~5 日，来自世界各国的 100 多名气象专家聚集曼谷，研讨对付厄尔尼诺的良策。科学家发出了这样的呼吁：拯救大自然，也就是拯救人类自己。

厄尔尼诺致使一些地方干旱严重

▼ 正常年份

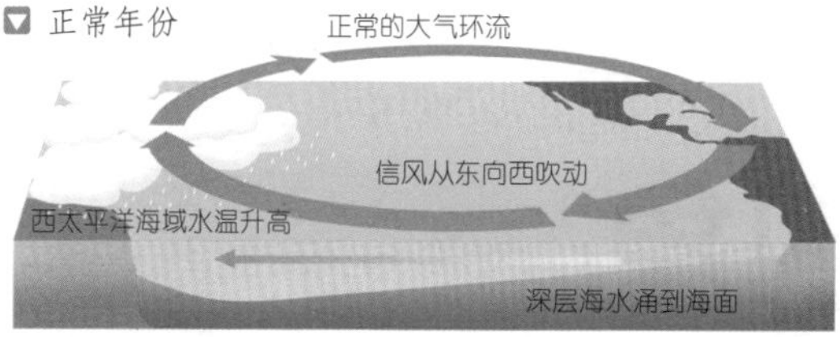

▼ 厄尔尼诺期间

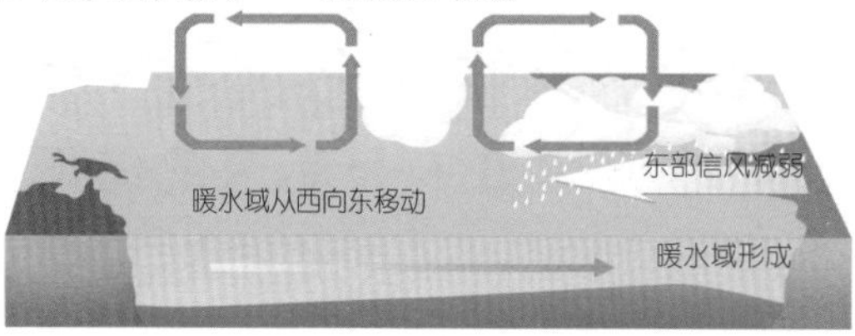

作怪元凶

厄尔尼诺的出现主要是大气环流“沃克环流”在作怪。大气环流是一个极为脆弱的天气系统，极易受到周围环境变化的影响，这也是各地气候变化万千的重要原因之一。

▼ 厄尔尼诺引发的泥石流

活动周期

厄尔尼诺的全过程分为发生期、发展期、维持期和衰减期，一般历时 7 年左右。科学家最新研究结果表明，厄尔尼诺现象的活动周期为 200 年一个峰值。

巨大的影响

对居住在印度尼西亚、澳大利亚的人来说，厄尔尼诺意味着严重的干旱和致命的森林火灾。而对厄瓜多尔、秘鲁、美国加利福尼亚州的人来说，厄尔尼诺则意味着暴风雨，然后是严重的洪水和泥石流。

拉尼娜现象

“拉尼娜”在西班牙文里是小女孩的意思。它通常继厄尔尼诺现象后出现，不过破坏力不如厄尔尼诺现象那么强大。

“性格”迥异的拉尼娜

拉尼娜会使赤道太平洋地区海洋的水温降到比平常低的水平，这同导致海洋水温上升到反常水平的厄尔尼诺现象是完全相反的。

▼ 拉尼娜导致的洪水泛滥

气候影响

拉尼娜出现时，印度尼西亚、印度、澳大利亚东部、巴西东北部及非洲南部等地降雨偏多；而太平洋东部和中部地区、阿根廷、非洲的赤道地区、美国东南部等地容易出现干旱。

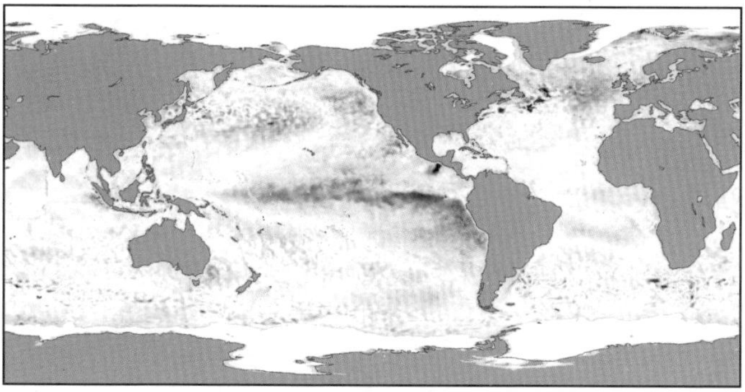

拉尼娜条件下海平面温度异常

产生原因

厄尔尼诺与赤道中、东太平洋海温度增暖及信风的减弱相关；而拉尼娜却与赤道中、东太平洋海温度变冷及信风的增强相关。因此，实际上拉尼娜现象是热带海洋和大气共同作用的产物。

对我国的影响

拉尼娜形成后，对我国气候也会产生深刻的影响。台风会在我国沿海地区频繁登陆，东北地区的夏季气温会明显偏高，华北地区雨量会偏多，汛期会加长。

我和环保

2007年3月，英国文化协会中国办公室启动了一个为期两年的项目，叫作气候酷派。气候酷派项目以具有创新性和创造力的方式，提升人们对气候变化的意识，并鼓励人们采取应对的行动。

工业烟雾

工业城市的建设突飞猛进，工厂一个挨着一个，锅炉在熊熊燃烧，汽车在不停地奔跑……这一切都是现代文明带来的结果，可是这个结果却给空气带来了严重的污染。

工业烟雾的来源

自从工业革命以来，各个国家和许多地区的大气都不同程度地受到工业烟雾的污染。这些工业烟雾主要是煤和石油燃烧所产生的废气：一氧化碳、硫氧化物、碳氢氧化物、氮氧化物和颗粒物质等。

我和环保

中国的一些城市里，居民普遍使用小煤炉做饭、取暖，这些小煤炉在城市区域范围内构成大气的废气污染源。因此，我们应当尽量使用环保的能源来避免污染的发生。

工厂排放的烟雾

在生产场所中,加强自然通风可以防止一氧化碳中毒。

一氧化碳中毒

一氧化碳是无色、无臭、无味的气体,进入人体后会和血液中的血红蛋白结合,形成碳氧血红蛋白,使血红蛋白丧失携氧能力,从而使人出现缺氧。工业生产时产生的煤气以及矿井中的一氧化碳会使人在不知不觉中吸入而中毒。

危害巨大的碳氢化合物

碳氢化合物又叫烃,它能与氯、溴、氧等反应,生成烃的衍生物。碳氢化合物中的一些物质具有强烈的致癌作用,对人体的伤害很大。

影响能见度的颗粒物质

工厂烟雾中的颗粒物质同气体污染物二氧化硫的协同影响,削弱了日光的照射和能见度,使空中多云、多雾、浑浊。

高烟囱排污

大气中含有的大量有害气体，会引起人们身体健康方面的问题，于是人们开始采用一些能够有效排除这些污染气体的方法，高烟囱排污就是较早地为人们所使用的一种方法。

高烟囱的排污原理

烟囱里面的高温度气体的密度相对于周围环境中的空气的密度要小，这就形成抽力，致使高温度气体沿着烟囱上升，再从顶部冒出来。因此，烟囱修建得越高，所产生的抽力相对也就越大。高烟囱排污在近地面减轻污染浓度方面，效果十分显著。

▼ 正在排放滚滚浓烟的高烟囱

污染源因素

由于污染的程度不同，对烟囱的高度要求也就不一样。而污染源除了与生产规模和工艺流程等因素有关外，还与燃料有关。

地形因素

有的时候还要充分考虑当地的地形和气象条件的影响，对当地的地形和气象环境进行深入的了解，在此基础上才能合理地估算烟囱的高度，这样才能有效地减少当地的大气污染。

优势背后的弊端

高烟囱排污虽然能降低近地面的污染浓度，但因为污染物仍然排放在大气中，对整个区域的空气质量并没有明显改善。相反，在一定条件下，由于污染物的远距离输送，燃烧产生的废气进入到大气圈对流层较高处，还会导致别的区域的空气恶化。

节能环保的新锅炉

由于传统的工业锅炉所带来的严重污染，即使采用高烟囱排污也不能很好地解决污染。因此，世界上有很多国家都开始采用各种新型的工业锅炉，这些锅炉能使产生的废气减小到最低限度，并且还能使废气被循环利用，从而既能起到环保作用，又可节省能源。

热岛效应

夏天，人们在城市中感觉异常燥热，来到乡村后，会顿感凉爽，这是为什么呢？城市所散发出的巨大热量使城市变成了一个温暖的岛屿，而这一切都与城市的热岛效应有关。

热岛效应现象

由于人口高度密集、工业高度集中等原因，现代化城市散发的热量远比郊区的大，高温的城市处于低温的郊区的包围之中，城市犹如一个温暖的岛屿，因此也被称为热岛效应现象。

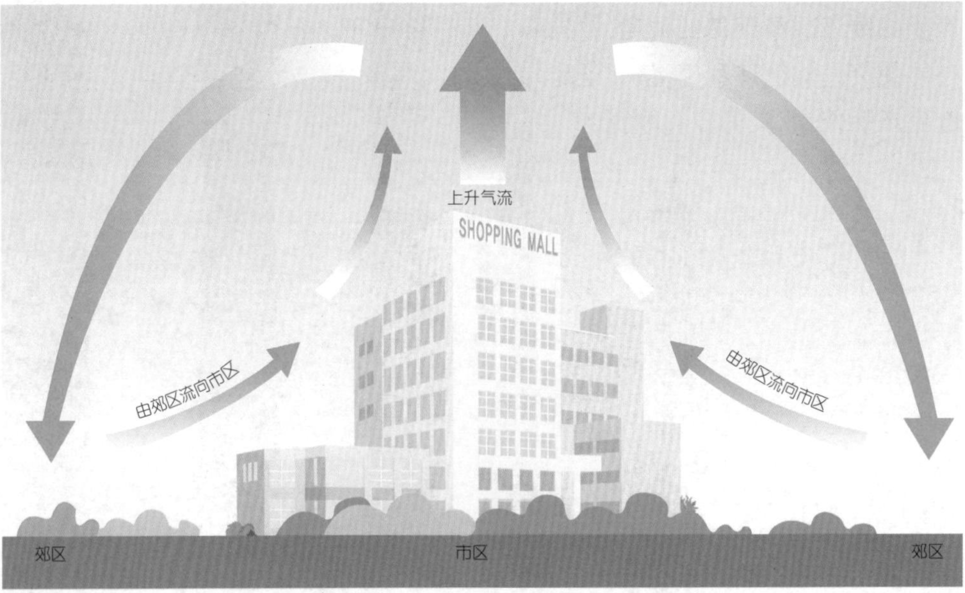

城市与郊区之间的热岛效应

热岛效应是城市气候中典型的特征之一

形成的原因

近几年，城市建设发展的速度越来越快，热岛效应也越来越明显。这是由城市本身造成的，热岛效应形成的原因可以归结为三个方面：城市地面的影响、人工产生的热源和城市里稀少的绿地。

升温快的城市地面

城市内有大量的人工构筑物，如混凝土、柏油路面等，这些人工构筑物吸热快而热容量小，在相同的太阳辐射条件下，它们比自然下垫面（绿地、水面等）升温快，因而其表面温度明显高于自然下垫面。

人工产生的热源

在各大城市中，工厂生产、交通运输以及居民生活都需要燃烧各种各样的燃料，每天都在向外排放大量的热量，这对热岛效应产生一定的影响。

炒菜、做饭燃烧的燃料对热岛效应也会产生一定的影响

绿地可以美化城市的环境,并且为居民提供游憩场地。

稀少的绿地

随着城市化的发展，城市人口在增加，城市中的建筑、广场和道路在增加，而绿地、水体等却在逐渐减少，这使得缓解热岛效应的能力被削弱。

热岛效应的危害

热岛效应是造成城市空气污染的主要原因。它使空气难以流通,由此造成浮尘污染物难以快速扩散;此外,它还会给一些城市和地区带来异常的天气,如暴雨、飓风、酷热、暖冬等。

暴雨

空调

耗费大量电力

夏季高温天气下的热岛效应对人们的生活和消费构成了影响。为了降低室内气温及使室内空气流通，人们通常会使用空调、电扇等电器,而这些都需要消耗大量的电力。

▲ 夜市

威胁健康

热岛效应造成城市气温不断升高。医学研究表明，环境温度与人体的生理活动密切相关，环境温度高于28℃时，人们就会有不舒适感。气温升高还会加快光化学反应速度，使近地面大气中臭氧浓度增加，影响人体健康。

如何预防

为了有效地防止城市热岛效应的产生，我们可以加大城区的绿化和水体面积；控制城市人口的数量，建筑物不要过于密集；在改建或扩建城区时，应适当拓宽南北向的街道，加强城市通风等。

▼ 大力发展城市绿化是减轻热岛效应的关键措施

热污染

人类活动排放出的废热对环境造成的危害被称为热污染,热污染的污染源既包括异常气候变化带来的多余热量,也包括各种有害的“人为热”。

如何形成

人类活动主要从三个方面影响着自然环境,从而引起热污染。首先,人类活动改变了大气的组成,从而改变了太阳辐射和地球辐射的透过率;其次,人类活动改变了地球表面状态和反射率,从而改变了地表和大气间的热交换过程;最后,人类活动还直接向环境中释放热量。

▼ 随着人口的不断增长,环境热污染将日趋严重。

△ 城区稠密的人口

人体“散热器”

城市城区人口比较集中，一个上千万人口的大城市，按照每人散发的热能相当于几十瓦的电热器计算，这个城市人体散发的热量就可达几千亿瓦。这就使得城区成为好比在冷凉郊区包围中的温暖岛屿，整个城市就会出现所谓的热岛效应。

工业废热

火力发电和其他工业生产过程中产生的废热排到空中后，会污染大气，并直接影响人的身体健康。

▽ 火力发电厂

△ 工厂排出的生产性废水中含有大量废热，这些废热排入地面水体之后，能使水温升高，造成一些水生生物发育受阻或死亡，从而影响环境和生态平衡。

导致气候异常

热污染导致全球气候异常，气温不断升高，一些原本十分炎热的城市变得更热，极地冰川融化，海平面上升，许多物种濒临灭绝。

我和环保

阳光是所有能源中最丰富、最洁净的一种能源，而且太阳能比其他能源分布更广，所有有阳光照射的地方都可以利用太阳能。日常生活中，我们应尽量利用太阳能。

持续的干旱

大气中的含热量增加，会造成局部地区干旱少雨，影响农作物的生长。20 世纪 60 年代末，非洲撒哈拉牧区曾发生过持续 6 年的干旱，由于缺少粮食和牧草，大量牲畜被宰杀，因饥饿而死亡的人超过了 150 万。

△ 干旱缺水仍是非洲面临的一大挑战

△ 热污染导致全球气候变化，给全球生态带来严重的影响。

引发疾病

热污染使环境温度升高的同时，也造成了人体正常免疫功能的下降。人体自身对疾病的抵抗力降低，而致病病毒或细菌对抗生素的耐热性却越来越强，加剧了新、老传染病的流行。近些年来日益严重的流行性感冒就是传染性非常强的疾病。

防治措施

为了有效地减少热污染，我们应当大力提倡植树造林，提高植被的覆盖率，搞好城市的绿化。绿色植物能吸收大量的二氧化碳。我们还应当减少使用以煤为主的矿物燃料，大力开发利用天然气和沼气资源，在城市实行集中供热和连片供热。

▽ 植树

独特的城市气候

城市的气候是人类活动影响气候的明显表现。城市面积虽小，但人口密集，建筑物繁多，是人们生活的重要舞台。这种高度集中造就了独特的城市气候。

较高的温度

城市的城区通常比郊区温度要高，形成一个“暖中心”，就是前文中提到的“热岛”。此外，城区的风速一般小于郊区，这是因为城区间建筑物密集，风受到的摩擦力较高。

城市里过多的人口散发的热量也会对城市的气候有所影响

较低的湿度

城区的平均湿度要比郊区低，这是因为城区的地面多是由砖石、水泥和沥青等不吸水、不透水的材质组成，再加上植物覆盖面积小，因此其自然蒸发量比较小。

▲ 干岛效应与热岛效应通常是相伴存在的

干岛效应

城市地面的特殊情况造成城市空气中的水汽含量少，加上城市的热岛效应，使城区气温高于郊区，因此城区的湿度要小于郊区，形成孤立于周围地区的“干岛”。

变干的东京

干岛效应一般是随着城市发展而日趋明显的。20世纪以来，日本东京的相对湿度无论是冬季还是夏季都在不断下降，平均每10年都下降4%~6%。

▼ 东京

有破洞的臭氧层

“女娲补天”是中国一个古老的神话，历史上，天空并没有出现过大洞。可是，当今的科学家经过考察发现，在北美洲、欧洲、大洋洲的上空，保护地球的臭氧层在变薄，南极上空的臭氧层已经出现了大洞。看来人们真的需要“补天”了。

臭氧的特征

臭氧与氧分子是一对亲兄弟，它由三个氧原子组成，能够吸收太阳紫外线辐射，加热平流层大气，形成平流层环流特征。

▼ 作为全球环境恶化的标志之一，南极上空的臭氧层空洞已成为世界关注的共同话题。

形成臭氧层

在平流层，一部分氧分子可以吸收太阳光中一些特殊的紫外线，并分解形成氧原子。这些氧原子与氧分子相结合生成臭氧，臭氧在紫外线照射之后又分为氧分子和氧原子，如此循环往复，最终形成了臭氧层。

生命的保护伞

千万可不能小瞧了这层薄薄的臭氧层，它可是地球上一切生物包括我们人类在内的生命的保护伞。因为它可以吸收掉太阳辐射中的短波紫外线，使得地球上的生物得以繁衍生息。

臭氧层是地球生命的保护伞

如果没有臭氧层，我们只能待在遮阳伞下度日了。

物极必反

紫外线具有一定的杀菌作用，还能够促进维生素 D 的生成。但是过量的紫外线会对人的身体造成伤害，尤其是对人的眼睛、皮肤及免疫系统造成伤害。

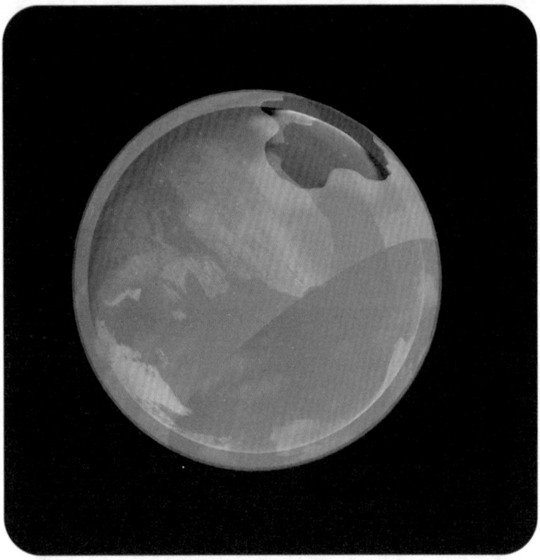

▲ 臭氧层空洞

南极上空空洞的臭氧层

1985 年，美国气象学家首先发现南极上空的臭氧层在每年 10 月会出现一个大洞，直到来年夏天才会重新闭合。此后，这个洞在年年扩大。根据最新的测定，这个洞已经有北美洲那么大了。20 世纪 90 年代中期以来，每年春季，南极上空的臭氧平均减少 2/3。

新的危机

南极上空的臭氧层大洞在不断变大的同时，科学家在地球另一端的北极的上空也发现了巨大的臭氧层空洞。近年来，北极上空的臭氧减少了 20%。

我和环保

1995 年，联合国大会宣布每年的 9 月 16 日为“国际保护臭氧层日”，以此纪念 1987 年签署的《蒙特利尔议定书》。

异常的青藏高原

近年来，我国的青藏高原大部分地区出现气温升高的现象，这已经表明，当地上空的臭氧层渐渐变得稀薄。高比例的紫外线照射量大幅上升，再加上积雪对紫外线具有强烈的反射作用，使得西藏地区白内障发病率位居全国之首。

▼ 青藏高原

▲ 氟利昂被当作制冷剂、发泡剂和清洗剂，广泛用于家用电器、泡沫塑料、日用化学品、汽车、消防器材等领域。

危机的元凶

臭氧层为地球上的所有生物提供了天然保护屏障，使其免受紫外线的伤害。可是20世纪80年代，科学家在南极上空发现了臭氧层空洞！而引起这个可怕结果的主要“凶手”就是氟利昂。

“凶手”氟利昂

属于氟氯碳化合物的氟利昂，作为制冷剂、工业溶剂使用已经有70多年的历史。氟利昂是非常难分解的物质，一旦进入空气，经过10年时间就可以到达臭氧层。

破坏臭氧的氯原子

氟利昂之所以会对臭氧层造成严重的伤害，关键就在于它所含的氯。科学家估计，氟利昂所释放出的一个氯原子，只要数个月的时间，就能使大约10万个臭氧分子消失。

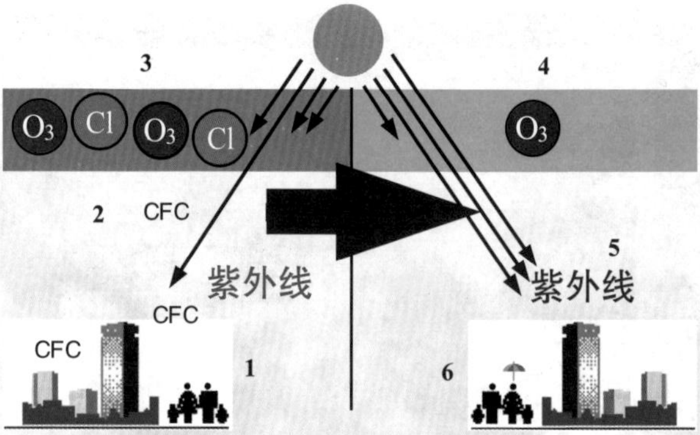

1.氟氯化碳(CFC)释放到空气中；
2.氟氯化碳向上升到臭氧层；
3.在紫外线照射下，氯(Cl)从氟氯化碳中分离出来；
4.氯破坏臭氧层；
5.臭氧减少导致紫外线照射增强；
6.强烈的紫外线照射极易引起皮肤癌。

淘汰氟利昂

在现代经济中，氟利昂等物质应用非常广泛，要全面淘汰氟利昂必须首先找到氟利昂等的替代物质和替代技术。

◀ 臭氧层被大量损耗后，吸收紫外线辐射的能力大大减弱，导致到达地球表面的紫外线明显增加，给人类健康和生态环境带来多方面的危害。

拯救臭氧层

氟利昂是难以分解的物质，即使人类从发现臭氧层空洞之日起停止释放氟利昂，也不能马上制止其对臭氧层的破坏。因此，我们应该严格控制氟利昂的生产和利用，减少它们进入大气的数量。

▼ 南极上空的臭氧层空洞已成为世界关注的话题

污染空气的气体

工业生产不仅会产生大量的大气污染物，还会产生很多可燃或易爆的危险气体。这些气体同样会给人们带来危害，也会对大气造成污染。

含硫的气体

硫在地壳中分布很广，含量丰富。各种矿物燃料都含硫，有色金属和黑色金属多为硫化物矿床。硫对大气的污染主要是指硫氧化物和硫化氢对大气的污染。

硫化气体

刺鼻的二氧化硫

二氧化硫是主要的大气污染物之一，在矿物燃料和植物燃烧、含硫矿石冶炼、石油化工和硫酸厂生产等过程中都会有二氧化硫排放。它会对人的结膜和上呼吸道黏膜产生强烈的刺激。

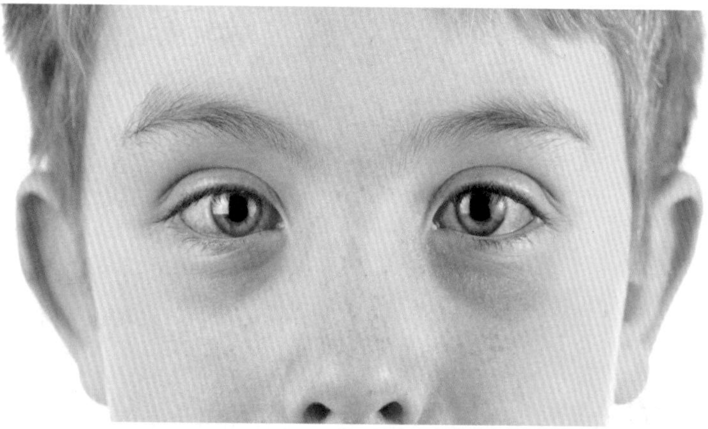

三氧化硫

现代工业生产同样也会产生三氧化硫，三氧化硫对皮肤、黏膜等组织也具有强烈的刺激和腐蚀性。

△ 三氧化硫对人体皮肤、眼睛及呼吸系统有强烈的刺激和腐蚀性，可引起结膜炎、水肿。图为一名患结膜炎的小男孩。

臭鸡蛋味的硫化氢

硫化氢是带有臭鸡蛋味的有毒气体。牛皮纸浆厂、炼焦厂、炼油厂和人造丝厂每年生产硫化氢约 300 万吨。硫化氢在人体内可被吸收进入血液，与血红蛋白结合生成硫化血红蛋白，从而使人出现中毒症状。

▽ 炼油厂排放的硫化氢气体

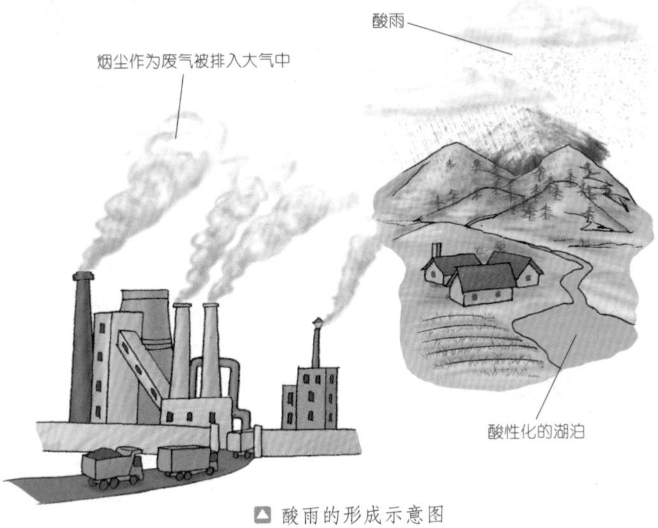

酸雨的形成示意图

变酸的雨水

酸雨是一种复杂的大气化学和大气物理现象，酸雨中含有多种有机酸和无机酸，其中绝大部分是硫酸和硝酸。这些酸是由人为排放的二氧化硫等转化而成的。

破坏生态的酸雨

酸雨不仅对淡水生态系统造成危害，还会使土壤酸化，并危害植物的根系和茎叶。植物是陆地生态系统的生产者，动物是消费者，微生物是分解者。植物受到危害，动物和微生物将相继受到影响，陆地生态系统从而受到破坏。

被酸雨破坏的森林

含氮气体

从山顶到海滨，动物和植物都在化学元素氮的包围中。尽管这种元素是构成生命的关键成分，但是它也可以是一种严重的污染元素。

海滨

不稳定的一氧化氮

大气污染物中的一氧化氮主要来自工业燃煤以及汽车尾气，性质不稳定，在空气中容易氧化成二氧化氮。

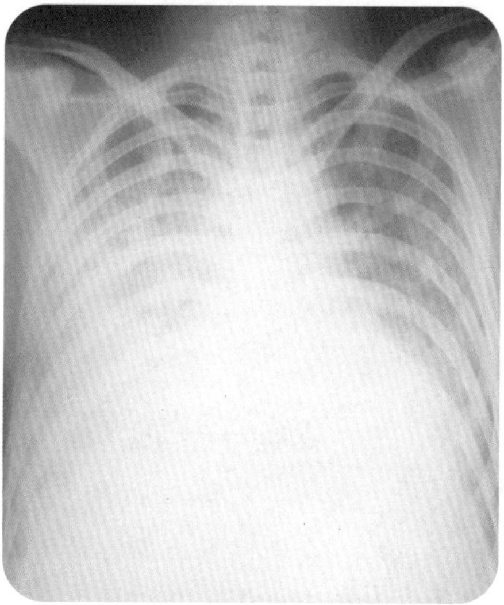

肺水肿病人的X片

消耗氧的一氧化氮

一氧化氮通过呼吸道及肺进入血液，使其失去输氧能力，产生与吸入一氧化碳相同的严重后果。氮氧化物会侵入肺脏深处的肺毛细血管，引起肺水肿等病。

红棕色的二氧化氮

二氧化氮是大气污染物中氮氧化合物的主要成分，也是毒性最高的成分，性质稳定，在常温下为红棕色刺鼻的气体。

我和环保

我们在洗衣服时，将衣物集中大量清洗；采用自然风干而不用烘干机。这些简单的做法能成功减少洗衣时制造出的90%的污染气体。

二氧化氮的危害

当空气中二氧化氮的浓度超过100毫克/升时，人吸入后会在30分钟左右死亡。二氧化氮还会对水体、大气和土壤造成污染。

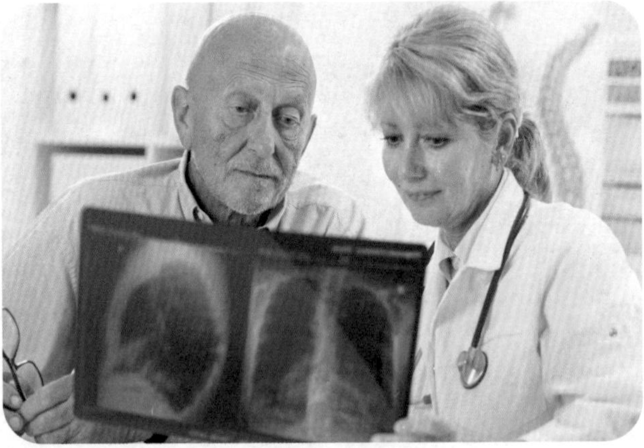

二氧化氮进入肺泡后，能形成亚硝酸和硝酸，对肺组织产生剧烈的刺激作用，增加肺毛细血管的通透性，引起支气管炎、肺炎、肺气肿等疾病。图为医生为肺炎患者看X片。

会燃烧的甲烷

甲烷在自然界分布很广，是天然气、沼气及煤气的主要成分之一，无色无味，比空气轻。当它和空气按照适当比例形成混合物，遇到火花会发生爆炸。此外，甲烷也是导致大气温室效应的元凶之一。

会爆炸的乙炔

乙炔与空气混合，会形成具有爆炸性的混合气体，其爆炸产生的威力很大。

当空气中甲烷达25%~30%时，可引起头痛、头晕、乏力、注意力不集中等症状。

液化石油气

液化气也称液化石油气，被广泛应用在工业生产和人们的日常生活中。液化气具有易燃易爆的特性，与氟、氯等接触会发生剧烈的化学反应。因此，也是一种危险的气体。

▲ 液化气罐

▼ 氯气具有强烈的刺激性，可以刺激人体呼吸道黏膜，引起胸部疼痛和咳嗽。

作为燃料的煤气

煤气是以煤为原料加工制得的含有可燃成分的气体。在天然气普及以前，人们多使用煤气作为燃料。煤气中含有大量的一氧化碳，如果家中的煤气不慎泄漏，吸入的人就会一氧化碳中毒。

有毒的氯气

氯气是一种黄绿色具有强烈刺激气味的气体，被广泛应用在工业和农业上。人氯气中毒后会出现咳嗽、呼吸困难等症状。在一战时，德国将氯气作为化学武器使用。

懒惰的气体

氦、氖、氩、氪、氙、氡等 6 种元素被称为稀有气体，它们在大气中的含量很少，熔点和沸点都很低，化学性质都很不活泼，过去人们曾认为它们与其他元素之间不会发生化学反应，因此称之为“惰性气体”。

英国物理学家雷利

英国化学家拉姆塞

发现稀有气体

1894 年，英国物理学家雷利测定氮气密度时，得到了很少量的极不活泼的气体。英国化学家拉姆塞也得到了这样的气体，这就是稀有气体。1902 年，门捷列夫将稀有气体纳入了化学元素周期表。

有用的氩气

稀有气体极不活泼，因此在焊接精密零件时，常用氩作保护气。氩气能防止原子能反应堆的核燃料钚在空气里迅速氧化。氩气还可以减少钨丝的气化和氧化，延长灯泡的使用寿命。

焊接

△ 夜晚的霓虹灯

会发光的稀有气体

稀有气体通电时会发光。世界上第一盏霓虹灯就是填充氖气制成的。氖灯射出的红光可以穿过浓雾。荧光灯是在灯管里充入少量水银和氩气，并在内壁涂荧光物质而制成的。

我和环保

稀有气体很稀有的说法只适用于部分元素。例如，氩气在地球大气层的含量约占0.9%，胜过二氧化碳；氦气在地球大气层的含量确实很少，但在宇宙中却是相当充沛，约占25%。

无副作用的麻醉剂

氙气灯具有高度的紫外光辐射，可用于医疗技术方面。氙能溶于细胞质的油脂里，引起细胞的麻醉和膨胀，从而使神经末梢作用暂时停止，是一种无副作用的麻醉剂。

▽ 麻醉可以消除或减轻病人手术时的疼痛

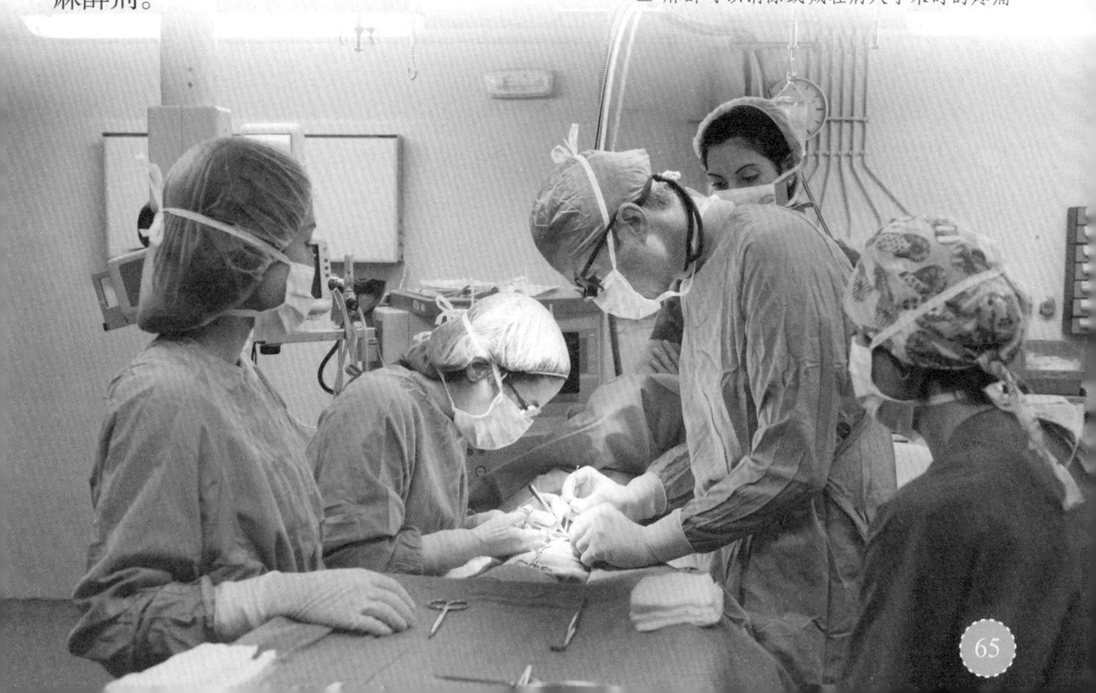

冒烟的汽车

上班时间，城市的马路上，公共汽车、载重货车、各式各样的私家车往来如梭。这些汽车产生了大量的尾气，将城市的空气变得污浊不堪。

尾气的组成

汽车尾气中含有上百种不同的化合物，其中的污染物有固体悬浮微粒、一氧化碳、二氧化碳、碳氢化合物、氮氧化合物、铅及硫氧化合物等。

汽车尾气

尾气的来源

汽车内燃机通过活塞运动，把汽油和空气的混合气吸入汽缸，加以压缩，再点火，燃烧爆裂而获得动力。在这一过程中会生成相当数量的废气排出汽缸，这些废气便是汽车尾气。

▲ 随着汽车数量的急剧增加，汽车尾气给人类的健康带来了危害。

排放方式

汽车主要是通过泄漏、蒸发和排气将有害物质排放到大气中去的。在这些途径中，从排气管排出的废气约占 95%。

危害健康

尾气中的有害物质对人类和环境造成的危害极大，不仅会引起人类的呼吸道疾病，严重的甚至还会使人因急性污染中毒而猝死；废气中所含的多种致癌物进入人体后，还可能引发癌症。

含铅汽油

为了提高汽油的燃烧效率，世界各国都曾大量使用含铅汽油。含铅汽油燃烧后排出的铅化物主要存在于废气夹带的尘埃之中，人体过量吸收后会导致铅中毒，引起肝功能障碍。

▼ 近几年，全国很多城市都开始使用以燃气作为燃料的公共汽车，减轻了环境污染。

控制尾气排放

现在,世界各国对汽车尾气的排放都有严格的控制。很多国家都在提倡人们以自行车来代替私家车出行，并不断完善当地的公共交通设施，方便人们更多地使用公交设备，以减少尾气的排放。

尾气净化剂

汽车尾气净化催化剂是控制尾气排放、减少尾气污染的最有效的手段。这些催化剂主要以贵金属为主料,有时还会用到稀土。贵金属催化剂主要选用铂、钯等作催化剂,具有活性高、寿命长、净化效果好等优点，而且实用性强。但由于这些贵金属价格昂贵，因此很难推广。

行驶在公路上的汽车

发达国家的尾气净化剂

由于美国、日本和欧洲等发达国家和地区对汽车尾气排放控制较早也较严格，因此，他们所用的汽车尾气净化催化剂较广泛。目前主要是三元催化剂。

英国每年死于空气污染的人比交通事故遇难者的人要多出10倍

车内空气污染

车内的空气污染主要发生在密封性较好的车子里。即使车内空调正在使用，汽车尾气、碳化物、灰尘等也会附着在空调蒸发器上，而人们往往会忽视这一类的空气污染。

车内

雾岛效应

湛蓝的天空点缀着几朵白云，浩瀚无垠，美不胜收。然而，大工业城市的上空却覆盖着一层令人不安的薄雾，薄雾不断地翻腾着、扩散着。这正是大气污染的后果。

伦敦以"雾都"著称于世

烟雾弥漫的伦敦

1952 年 12 月 5 日~8 日，英国伦敦上空烟雾弥漫，煤烟尘经久不散，温度不断增加。烟和湿气积聚在大气层中，城市上空连续四五天都烟雾弥漫，能见度极低，汽车即使白天行驶也得打开车灯，行人只能沿着人行道摸索前行。

伤亡惨重

由于大气中的污染物不断积累，人们开始感到呼吸困难，眼睛刺痛。伦敦的各个医院因呼吸道疾病患者剧增而一时爆满。仅仅 4 天的时间，死亡人数已达 4 000 多人。2 个月后，又有 8 000 多人陆续丧生。这就是骇人听闻的伦敦烟雾事件。

▲ 伦敦的雾常常连续好几天都弥漫不散

杀人凶手

造成伦敦烟雾事件的是煤炭型烟雾。煤炭在燃烧时会生成水、二氧化碳、二氧化硫、二氧化氮和碳氢化合物等物质，这些物质排放到大气中后，会附着在粉尘上，形成煤炭型烟雾。

雾岛效应的形成

伦敦烟雾事件是雾岛效应的一个典型例子。城市中颗粒物质增加，凝结核过多，引起有烟雾的天数增加，这就形成了雾岛效应。

防治措施

面对这种杀人烟雾，人们首先应当停止排放或者限制排放对人和生物造成危害的废气，同时种植树木绿化城市，充分发挥绿色植物净化空气的作用。

▼ 浓雾笼罩着英国首都伦敦

光化学烟雾

大气污染不仅仅使空气污浊，能见度差，它甚至可以夺去人的生命。在人类历史上，除了著名的伦敦烟雾事件，还有洛杉矶的光化学烟雾事件，这次事件造成了数百人死亡。

烟雾污染

1943 年，人们在美国洛杉矶的上空发现了一种神奇的浅蓝色烟雾。从此以后，这种烟雾年年都会在洛杉矶的上空出现，它使整座城市上空变得浑浊不清。

◀ 洛杉矶

洛杉矶烟雾之谜

科学家经过长时间的研究，终于发现了产生烟雾的原因：这是由汽车的尾气污染造成的。因为汽车在城市中行驶时产生的大量尾气遇到微风或无风天气，不易扩散，在阳光照耀下就会形成浅蓝色的烟雾。

我和环保

红绿灯过多，除了会造成道路拥堵外，也很有可能造成道路环境的恶化。有关调查表明，在红绿灯超多的某些路口甚至出现了光化学烟雾污染的临界状态。

遭受毒害

光化学烟雾成分复杂，毒害十分严重。它能伤害人和动物的眼睛，刺激人体的黏膜，使人头痛，导致呼吸障碍、慢性呼吸道疾病恶化、儿童肺功能异常等。光化学烟雾还有较强的致癌作用，因此人们把它叫作“杀人的烟雾”。

独特的地理位置

洛杉矶处于盆地之中，每年约有 300 天出现逆温天气，所以大气中的有害气体极易聚集且不能通过对流来扩散，再加上夏秋两季那里日照非常强烈，汽车排放的废气在日光的照射下发生了化学反应，因此就发生了光化学烟雾事件。

▲ 洛杉矶街道上穿行的汽车

改善方式

光化学烟雾可以说是工业发达、汽车拥挤的大城市的一个隐患。目前，人们主要在改善城市交通结构、改进汽车燃料、安装汽车排气系统催化装置等方面做着积极的努力，以防患未然。

▼ 笼罩在烟雾中的洛杉矶

二次污染物

在人类对能源的利用和对资源的开发中，某些物质进入大气，改变了大气的组成，使空气中某些物质的含量超出正常水平，并与大气正常组成成分发生各种反应，造成了大气污染。

我和环保

垃圾的成分十分复杂，垃圾焚烧生成的污染物比化石燃料燃烧生成的污染物更多、更复杂，毒性更大。在没有废气处理条件的前提下，我们不能轻易滥烧可能产生有毒气体的物品。

二次污染

某些一次污染物在大气中相互作用，或与大气正常组成成分发生反应而生成新物质，造成大气二次污染。二次污染物的毒性有时比一次污染物的毒性还大。

硫酸雾

在湿度大的空气中，二氧化硫会在锰的催化下迅速转化为硫酸雾。硫酸雾是大气中的二次污染物之一，它的毒性比二氧化硫高出10 倍，并会随降雨降到地面，形成酸雨。空气湿度愈大，形成的硫酸雾愈多。

▲ 被酸雨破坏的森林

硝酸雾

工业生产中产生的氮氧化物被空气中的水雾吸收并氧化成硝酸雾。不过，硝酸雾出现的次数比硫酸雾少，它通常以硝酸盐的状态存在。

▼ 工厂的烟囱

腐蚀物品

空气反应中形成的酸性气体往往对铜、铝、镍等金属物品起到腐蚀作用，尤其对铁制品的腐蚀更剧烈。美国纽约的自由女神像钢筋混凝土外包的薄铜片因酸雨腐蚀而变得疏松，所以不得不进行大修。我国一些酸雨污染区刚建成仅三四年的建筑物，受到酸雨冲刷后，墙壁就变得斑斑驳驳。

纽约的自由女神像

污损织物

空气污染物还使人们的衣物、窗帘、被褥等特别容易污损。在一些燃煤污染严重的城市和工业区，当地居民每次出门归来，衣帽上总会留下一层黑灰。这些污染物不仅黏稠难洗，而且腐蚀性极强，容易污损织物。

统计资料显示，大约68%的人体疾病与居室污染有关。

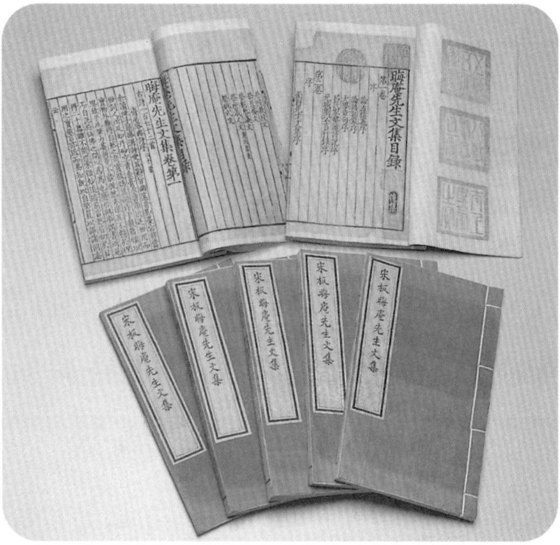

已经发黄并脆化的古籍手稿

损毁文物

硫酸雾和光化学烟雾能使纸张变脆，颜料变色，文物变质。近二三十年，世界上一些著名的艺术馆、博物馆和图书馆收藏的一些艺术珍品和古籍手稿变质、败坏的速度在加快。一些博物馆不得不筹资聘请专家，加紧研究防止文物变质的有效办法。

破坏古迹

空气污染物还使得世界上许多名胜古迹遭到损坏。比如古罗马的斗兽场、古希腊的大理石质雕塑、巴黎的埃菲尔铁塔、纽约的自由女神像等，近几十年，腐蚀速度都明显加快，有些甚至到了不得不进行紧急维修的状态。

古罗马的斗兽场

毒气泄漏

突如其来的毒气袭击了印度的博帕尔，2 500 多人死于非命，20 多万人中毒，这个噩耗也震惊了世界各国。

气体泄漏

1984 年 12 月 3 日凌晨，在距印度首都新德里以南 750 千米的博帕尔市附近的美国联合碳化物公司所属的一家农药厂突然传出几声巨大的爆炸声，原来是一个装有剧毒气体的储气罐因温度过高，导致气体泄漏并很快飘散到市内。

博帕尔农药厂一个装有剧毒气体的储气罐，现在已经废弃了。

祭奠在博帕尔事件中遇难的亲人

危害严重

事故发生后，仅2天内就有 2 500 余人丧生，另有20多万人受到了不同程度的伤害。到1994年，死亡人数已达6 495人，还有4万人濒临死亡。

影响持久

科学家认为，博帕尔泄漏的毒气比其他毒性气体危害大，对人体神经系统及遗传因子都有较大的影响。事件发生后很长一段时间内，博帕尔居民中有不少人经常出现幻觉，产生自杀的念头。孕妇生育的死婴及畸形婴儿发生率直线上升。

狰狞的面目

造成博帕尔事件的罪魁祸首是一种叫作异氰酸甲酯的剧毒液态气体。极少量这种气体停留在空气中很短一段时间，就会使人感到眼睛疼痛，若浓度稍大，就会使人窒息。

博帕尔事件的纪念碑

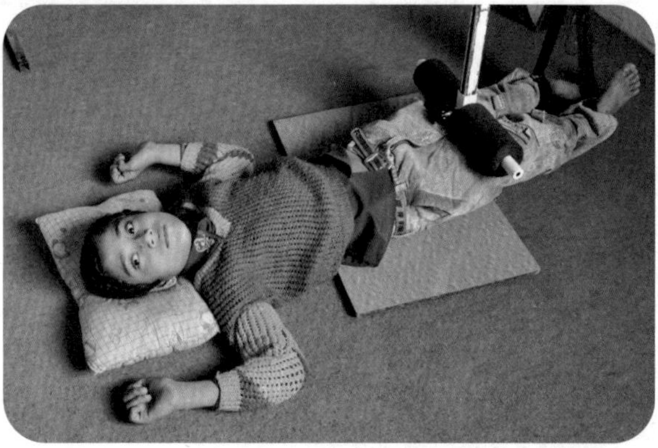

▲ 在博帕尔事件中侥幸逃生的受害者中，有 5 万人可能永久失明或终生残疾，余生将苦日无尽。

杀人毒气

异氰酸甲酯是两大杀人毒气中的一种，人只要吸入一点点，便会死亡。即使是幸存者，也会染上肺气肿、哮喘、支气管炎，并且双目失明，肝肾也会受到严重损害。二战中，德国法西斯正是用这种毒气杀害了大批关在集中营中的犹太人。

“污染天堂”

20 世纪后半叶，公害问题在发达国家得到广泛关注，因此很多企业都把目标转向了环境标准相对不高的发展中国家。这种把污染企业从受控制区域向不受控制区域转移的理论，被称为“污染天堂”理论。目前，这种“污染天堂”理论正受到越来越多的发展中国家和环保组织的尖锐批评。

案件完结

事件发生后，印美双方进行了长达5年的反复交涉、磋商。1989年2月4日，印度最高法院要求美国联合碳化物公司向印度赔偿4.7亿美元的损失，该公司也表示接受印方的要求。至此，这件诉讼案终于得到了解决。

经验教训

博帕尔事件带给人们惨痛的教训，使人们充分认识到对工厂里污染气体的严密监控和防护，以及工厂位置的合适选取的重要性。在选择厂址时，尽可能选在有利于废气扩散、稀释的地方，并且要和生活区有一定的距离。

▼ 在大街上游行抗议博帕尔事件的示威者

城市里的风

城市是一个复杂的地域综合体。城市的出现，不仅以人工地物(如楼房)或地表(如广场)替代自然地表，而且引发风向、风力的变化或风的生与消，从而引起大气污染的轻重变化。

高耸的建筑

走近新建的住宅小区，高耸的住宅楼俨然给人一种现代城市的壮美。然而在这美好的背后，却有诸多问题接踵而来。高层住宅的热岛效应、峡谷效应、高空污染等方面的负面效果不容忽视。

△ 城市用地范围内园林植物的垂直投影面积所占的百分比，是评价城市或部分市区环境质量的标准之一。

形成城市风

城市风的形成和大小，与盛行风和城乡温差关系甚大。静风时，城市风非常明显；和风时，只在城市背风部分出现城市风。此外，城市风的形成还与城市热岛有着密切的关系，由于“热岛”的存在，城市与郊区之间形成了风的流动。

复杂多变的街道风

城市内由于高层建筑和街道的影响，会形成街道风。街道风的风向和风速与向阳处和背阴处的温差有关，具体变化是非常复杂的。

▽ 在城市中植树造林、种草种花，使之更加适合人们居住。

▲ 城市街道两侧的高楼

城市峡谷效应

城市中有大量的高层建筑，高层建筑位于街道两侧，街道有如两座高山之间的峡谷。在街道风的作用下，含有灰尘的气流在高楼之间的某个区域上下徘徊，这就是城市峡谷效应。

我和环保

现在，人们越来越注重赖以生存的大气环境，在生活中的各个方面都注意到要保护大气环境。近些年，大家开始使用的环保涂料就是在保护大气环境上的一个很好的典范，这些涂料也被称为绿色涂料。

塔式布局

为了避免城市街道产生峡谷效应，20 世纪 70 年代以来，在现代城市中，高层建筑群都采用了塔式布局，在建筑群之间留有一定绿地或空地。这样的布局会出现空气急流，有利于污染物的扩散。

▼ 城市绿地

△ 上海街道上的行人

城市热岛环流

城市还有它自己特有的风系,即城市热岛环流。上海是个特大城市，只要没有较大的风，而城市热岛又很明显时，热岛环流就会很明显。城市热岛环流不是连续均匀地流动，而是有明显的时段性。

马路上的汽车风

城市里还有一种范围更小的风系,叫作汽车风。汽车风是由于马路中央线两侧连续驶过相反方向的高速车辆形成的。

▽ 马路上快速行驶的汽车

室内空气污染

室内的装饰装修已经成为人们改善生活条件、提高生活质量的重要组成部分。同时，由于装饰装修引发的有关问题也相继产生，国内外大量的调查资料都证实了这一令人不安的事实。现代人正进入以室内空气污染为标志的第三污染时期。

刺鼻的油漆

人们在日常家居装修中使用的油漆，很多都有刺鼻的味道，这是因为这些油漆当中含有甲醛、苯等物质。

有刺激性的甲醛

甲醛是一种无色、有强烈刺激性气味的气体，易溶于水。通常，含有 35%~40% 甲醛的溶液被称为福尔马林。甲醛具有防腐作用。

甲醛是装修污染中的头号杀手

可怕的甲醛

甲醛对人体的危害具有长期性、潜伏性、隐蔽性的特点。长期吸入甲醛可引发鼻咽癌、喉头癌等严重疾病。皮肤直接接触甲醛，可引起皮炎、色斑等。

远离甲醛

为了减少甲醛对人体的伤害，我们应尽量采用低甲醛含量和不含甲醛的室内装饰材料。在室内多摆放几盆吊兰等绿色植物，可以更有效地除去甲醛。

绿色植物可吸附甲醛，净化室内空气。

微小的生物污染物

生物污染物包括细菌、真菌和体积极小但可引起过敏反应的物质。它往往产生于冷气或通风系统的隔尘网和管道系统积尘。生物污染物可导致打喷嚏、眼睛不适、咳嗽、气喘、眩晕和精神不振，有些生物污染物还会触发过敏反应或哮喘。

人在刚装修过的房间停留的时间稍长，就会出现头昏、眼酸、喉痛、胸闷等不良反应。

有放射性的氡

氡是一种无色无味的放射性气体。室内的氡是由含花岗岩的混凝土建筑材料释放出来的。如果室内通风不佳，就会致使氡气积聚，人吸入高浓度的氡，可能会增加患肺癌的概率。

用花岗岩装修的房子

传真机

有毒的苯

室内的苯主要来自燃烧烟草的烟雾、溶剂、油漆、染色剂、图文传真机、电脑终端机和打印机、黏合剂、墙纸、地毯、合成纤维和清洁剂等。高浓度苯对中枢神经系统有麻醉作用,引起急性中毒。长期接触苯,对造血系统有损害,会引起慢性中毒。

我和环保

为了减少大气温室效应的恶化,我们可以做到的是不要使用含有氟氯碳化物的物品,例如发泡剂、喷雾式发胶、抗凝剂等。

室内氨污染

室内空气中的氨来自室内装饰材料中的添加剂和增白剂,但是这种污染释放期比较快,不会在空气中长期大量积存,对人体的危害相对小一些,不过也不能忽视。

爸爸和孩子在卧室下国际象棋

黑风暴

黑风暴多发生在春季。黑风暴破坏力极大，来临时，狂风卷夹着大量沙尘，严重破坏了接近地面的物体，掩埋了良田。黑风暴不仅直接导致土壤中营养物质的过度流失，还污染了空气。

黑风暴的定义

黑风暴是一种强风、浓密度沙尘混合的灾害性天气现象，所经之处能见度几乎为零。

黑风暴形成的原因

黑风暴的形成与大气环流、地貌形态和气候因素有关，但更与人为的生态环境破坏密不可分。

△ 黑风暴

早期的黑风暴

18 世纪以来，美国西部平原涌入大量的移民，他们滥砍滥伐，导致了 20 世纪 30 年代的三次黑风暴的爆发。1934 年 5 月的一次黑风暴持续了三天三夜，从美国西海岸一直吹到东海岸，形成了一条东西长 2 400 千米、南北宽 1 500 千米、高 3 千米的巨大黑色尘土带。

黑风暴的威力

1993 年 5 月 5 日的黑风暴使我国甘肃、宁夏和内蒙古部分地区遭受巨大损失，死亡 85 人，伤残 264 人，失踪 31 人，直接经济损失 7.25 亿元，严重影响了这些地区的经济发展。

我和环保

自 1954 年起，苏联在部分地区盲目地开垦荒地。由于没有规范的耕作制度，加上当地干旱的气候，导致新耕地风蚀严重。1960 年 3 月~4 月的黑风暴席卷了苏联南部平原，给当地造成了严重的经济损失。

空气与疾病

人们每时每刻都在呼吸空气，以补充身体所需的氧气。清新的空气总能让人感到神清气爽，但如果空气被污染变得不干净了，而人们长时间呼吸它就会生病。肺癌、慢性肺病和哮喘等疾病都和空气污染有关。

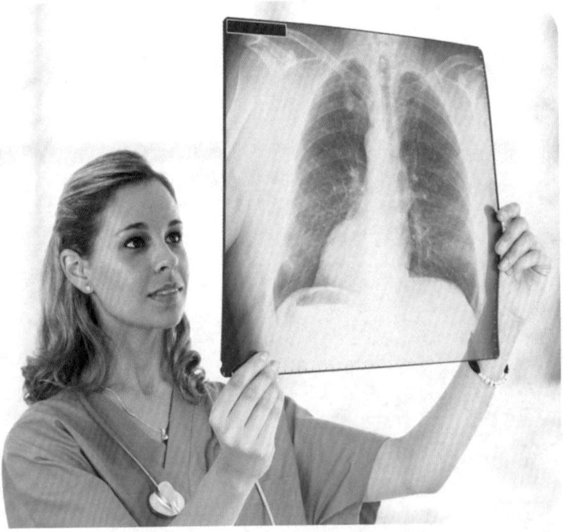

医生查看肺癌病人的X片

肺癌

肺癌是最常见的恶性肿瘤之一。引起肺癌的原因主要是吸烟和空气污染。世界上每年大约有120万个新增病例，大约每30秒钟就有1人死于肺癌。肺癌也是我国发病率最高的癌症。

我和环保

目前，全球大约有11亿吸烟者，大约每10秒钟就有1人死于香烟危害。而呼吸二手烟也会造成巨大危害，因此尽量不要染上烟瘾，不要在通风条件不好的空间吸烟。

慢阻肺

慢性支气管炎和肺气肿是一种逐渐削弱患者呼吸功能的破坏性肺部疾病。导致慢阻肺的因素主要包括吸烟和粉尘，因此，人们应避免吸烟和减少与空气中粉尘的接触。

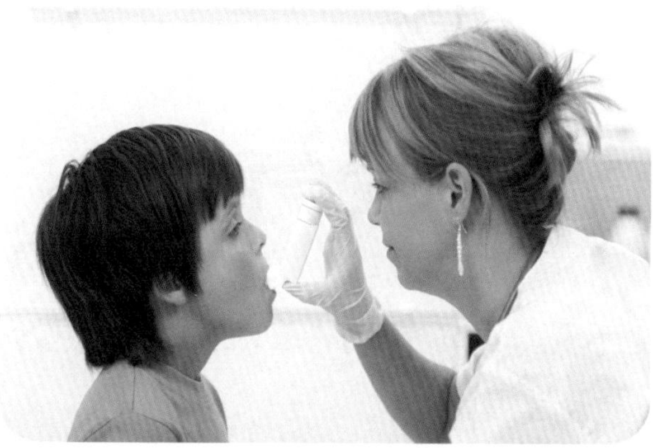

医生正在为患哮喘儿童做康复治疗

儿童哮喘

儿童在空气污染环境下生活容易发生支气管过敏反应，从而引起过敏性哮喘和其他肺部疾病。保持室内空气清洁，减少空气中流动的浮尘都是有效预防儿童哮喘的有效方法。

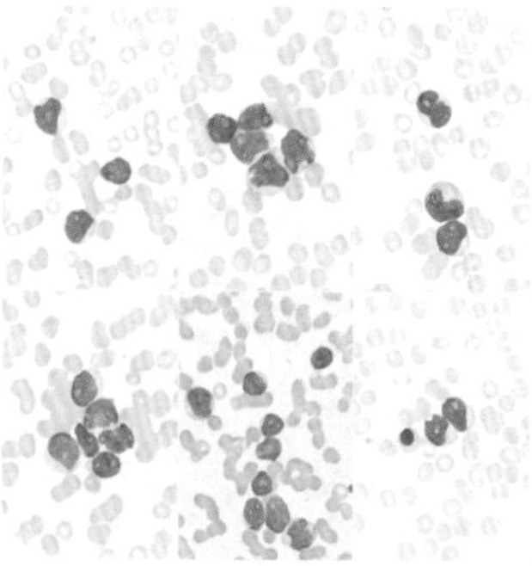

显微镜下白血病的芽细胞

白血病

室内空气污染是诱发白血病的主要原因。我国每年约新增 4 万名白血病患者，其中 50%是儿童。保持室内空气的洁净和安全，吃符合卫生标准的食物是预防白血病的有效手段。

白血病患者

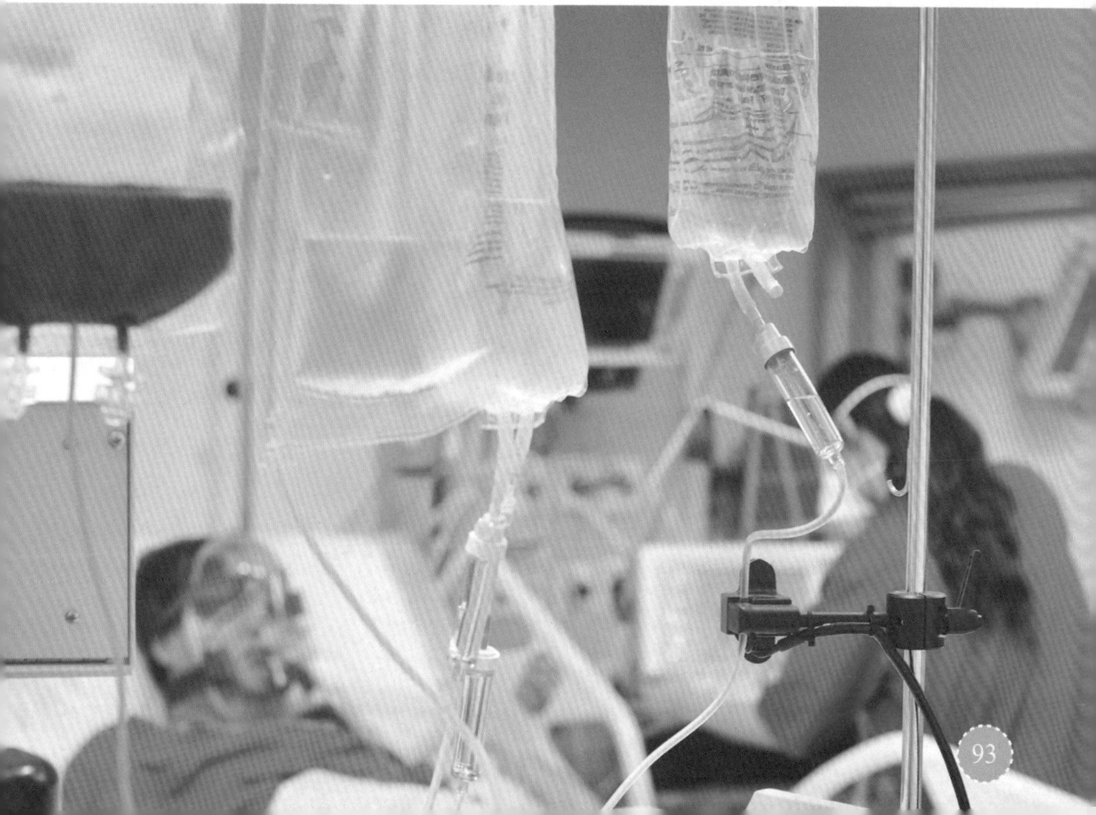

受核污染的大气

有一类污染是人们看不见、摸不着的“杀人恶魔”，它令人闻之色变，这就是大气核污染。

威力巨大的核能

核能的威力巨大，在被人类控制的情况下可以用来发电。核电是一种清洁、安全、高效的能源，不会产生二氧化碳、二氧化硫、烟尘等污染物。

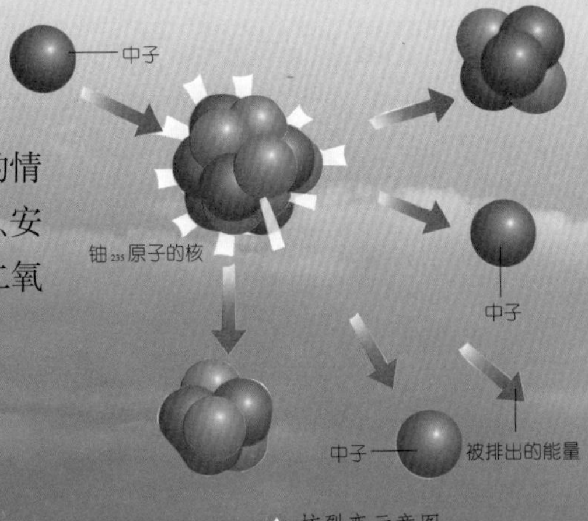

▲ 核裂变示意图

▼ 核电站就是在原子核反应堆中利用可控核裂变释放的能量来发电的

在自然状态下，来自宇宙的射线和地球环境本身的放射性元素一般不会给生物带来危害。图为穿行在千奇百怪的天体间的宇宙射线。

自然界中的放射性

地球上最大的放射性污染来自自然。自然界中的放射性污染大部分分布均匀，人类在长期进化中已经能够适应这类污染，所以一般不会造成不良影响。

我和环保

1972年6月5日～16日，联合国在瑞典首都斯德哥尔摩举行了人类环境会议。同年，第27届联合国大会通过决议，将每年的6月5日定为“世界环境日”。

燃煤中的放射性

一般的燃煤中常含有一定的放射性矿石，分析研究表明，燃煤的烟气中含有铀、钍、铅等。尽管这些物质含量很少，但长期的慢性蓄积可随空气及被烘烤的食物进入人体，对人体造成不同程度的损害。

人造放射源

人为造成的放射性污染令人担忧不已。虽然其污染量比自然辐射低,但由于使用和排放集中,对人体和其他生物造成的伤害高过自然辐射。人为放射性污染主要来源于战争中使用的核武器、全球几百座核电站和其他核设施使用过的各种核废料处置不当造成的泄漏等。

今日的原爆圆顶被作为纪念物而获得保存,属日本广岛和平纪念公园的一部分。1996 年,联合国教科文组织将此纪念碑作为文化遗产,列入世界遗产名录。

日本人的悲剧

1945 年 8 月 6 日,美国在日本的广岛投下了一颗原子弹。接着,在长崎投下了另一颗原子弹。就在这一年,有 20 万日本人死于广岛和长崎的两颗原子弹爆炸。而那些幸存下来的人却忍受着更大的痛苦,他们长期受到放射线的照射,肿瘤、白血病等疾病折磨着他们的身心。

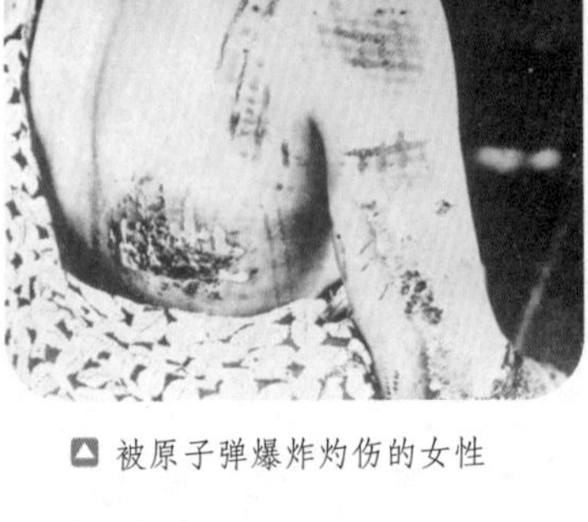

被原子弹爆炸灼伤的女性

▲ 切尔诺贝利核电站发生爆炸后的四号反应堆及覆盖在上面的“石棺”

切尔诺贝利核泄漏

1986年4月26日凌晨，在乌克兰境内的切尔诺贝利核电站发生了大爆炸，核污染使很多人深受其害，死亡人数达3.5万，还有5万多人因此而感染了癌症和其他疾病。

大气核污染的巨大危害

大气中含有放射性核能污染，会使大气成分发生变化，对所有吸入这种空气的人和动物的呼吸系统和肺部会造成严重疾病；而植物在光合作用时会因失去原功能而枯败。

▼ 核爆炸后升起的蘑菇状烟云

吸烟的危害

吸烟严重危害人们的健康。很多疾病，如脑血管疾病、心脏病、肿瘤和呼吸道疾病都与吸烟有着密切的联系。而长期受到烟雾的熏染刺激，那些被动吸二手烟的人也会引发上述疾病。可见，吸烟是我们的生活环境中一个极大的危险隐患。

有害成分

一支香烟就像一个小小的化工厂，在点燃时，可以产生多种化合物。烟草主要是由碳水化合物、含氮化合物、有机酸等组成的。烟雾中的有害成分达 3 000 多种，其中，主要有毒物质为尼古丁、烟焦油、一氧化碳、氢氰酸、氨、芳香化合物以及亚硝胺、自由基、铅、汞等。

△ 香烟

有剧毒的尼古丁

尼古丁是一种难闻、味苦、无色透明的油质液体，挥发性强，在空气中极易氧化成暗灰色，能迅速溶于水和酒精，通过鼻腔容易被人体吸收。一支香烟所含的尼古丁可毒死一只小白鼠，二十支香烟中的尼古丁可毒死一头牛。

▲ 冒着烟雾的烟头

能致癌的烟焦油

吸烟的人使用的烟嘴内常常会积存一层棕色的烟焦油，这是有机质在缺氧条件下不完全燃烧的产物，它可沉积于肺部。烟焦油中的多种物质都会致癌。有20年吸烟史、年龄在45岁的人，要比不吸烟的人患肺癌的概率高出10倍以上。

会引起癌变的氢氰酸

氢氰酸会伤害支气管上皮的纤毛细胞，减弱呼吸道的防御机能，使烟焦油等有害物质附着在上皮细胞上，从而引起癌变。

▼ 烟草危害已成为当今世界最严重的公共问题之一，也是人类健康所面临的最大问题。

被动吸入的二手烟

被动吸烟对健康的危害已经有相当确凿的证据。二手烟是一种复杂的混合物，其中包括 43 种已经被证实的致癌物。二手烟主要包括侧流烟雾和部分主流烟雾。

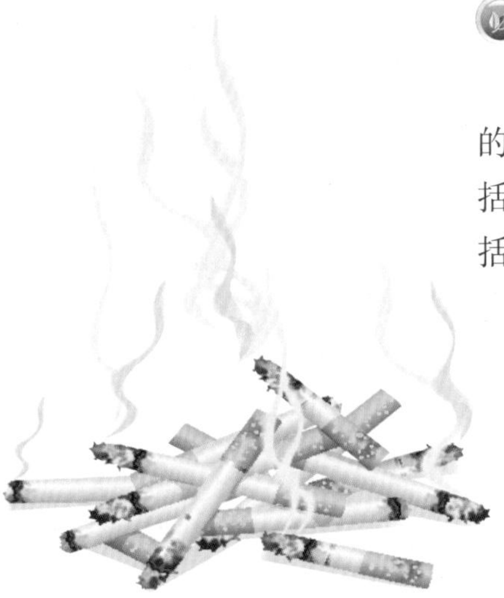

▲ 据世界卫生组织调查，在工业发达的国家中，有 1/4 的癌症患者患病的原因是吸烟。

我和环保

由于香烟中所含的大量有毒物质对人体的健康有严重的影响，所以我们应做到自己不吸烟。此外，还要通过展示吸烟的害处，告诫身边的人也要少吸或者不吸烟。

有害的侧流烟雾

侧流烟雾是指两次抽吸间隙从烟草制品中散发出去的烟雾，为二手烟烟雾的主要成分，它会进一步加重空气污染。

▼ 吸烟不仅危害自己，也会对他人造成伤害。

呼出的主流烟雾

主流烟雾是吸烟者每吸一口烟后，重新呼出的烟雾。在所含成分上，主流烟雾和侧流烟雾是明显不同的。侧流烟雾所含的有害物质比主流烟雾要更多一些。

◀ 有不少人在工作、学习、生活中受到挫折以后，便借吸烟来缓解自己的紧张情绪，消除烦恼。

二手烟的巨大危害

健康的不吸烟者被动吸二手烟会引起呼吸道症状，如咳嗽、降低肺功能等。另外，大部分的不吸烟者会由于被动吸烟而产生不适感。这主要是由于二手烟的烟雾会对人的眼结膜、鼻腔、咽喉产生刺激作用的结果。

▼ 戒烟可以保持工作环境、生活环境的空气清洁，避免给他人带来不必要的伤害。

烟农正在烟田中施肥

香烟中放射性物质的来源

香烟中放射性物质，主要来自烟农所施的化肥和在土壤、空气、水中自然存在的放射物。这些放射物被烟草的根、茎、叶吸收，主要集中在烟叶里。虽然香烟经过烘烤、特殊加料等工艺处理，但根本不能去除这些有害物质。

烟雾侵蚀物体

吸烟危害人体健康已经被大家所重视，但烟雾对物体的损害却少有人知。这些烟雾对物体有着很强的附着渗透性，最为明显的是商店货架、橱窗中摆挂出的商品，这些商品因受烟雾侵蚀，极易变旧老化，不得不被贬值处理。

在世界各国，吸烟的人数远远超过了喝酒的人数。

青少年吸烟的危险性

▲ 大多数青少年吸烟,开始只是出于好奇,之后便想去体验。

青少年正处在生长发育期,身体的各个组织和器官还比较娇嫩,神经系统、内分泌功能、免疫机能等都不稳定,与成年人相比,青少年吸烟的危害更大。而吸烟所引起的疾病,在青少年身上容易产生严重的后果,关系到其一生的健康。开始吸烟的年龄越早,患肺癌的危险性就越大。

火灾隐患

吸烟还极易引发火灾。因吸烟引发的火灾无论是在城市,还是在乡村、山林、田野,几乎处处都有,时时刻刻都在威胁着人们生命财产的安全。

▼ 乱扔未熄灭的烟头造成的火灾

垃圾污染

人们每日都在制造大量的各种各样的垃圾。垃圾已成为污染环境的一大公害。但是，目前人类对垃圾的处理还远远跟不上时代的要求，垃圾污染已威胁到了人类自身的健康。

露天堆放的垃圾

垃圾露天堆放会释放大量氨、硫化物等有害气体，严重污染大气和城市的生活环境。

露天堆放的垃圾

△ 发出臭味的垃圾

散发恶臭

恶臭污染是垃圾腐烂后带来的一个严重污染。恶臭气体中有会发出臭鸡蛋味的硫化氢气体,有会发出烂韭菜、烂洋葱味道的硫醇类化合物,还有会发出刺鼻的沥青气味的乙胺等气体。

垃圾焚烧

因为垃圾腐烂会产生恶臭污染,人们便采用焚烧垃圾的方法来处理垃圾。但是不适当的垃圾焚烧反而会加重空气污染,有时还会给人们的身体健康带来严重的影响。

△ 焚烧垃圾

二噁英

垃圾的成分十分复杂,焚烧后很容易形成剧毒物质二噁英。二噁英对人的肝脏及大脑有着严重的损害作用。二噁英的性质十分稳定,在进入土壤后,至少需要 15 个月才能逐渐分解,因此还会危害植物和农作物。

▲ 焚烧垃圾

巨大的花费

焚烧垃圾的另一个缺陷是费用高昂。焚烧垃圾的费用是其他垃圾处理方法费用的几倍到几十倍，不要说发展中国家，即使发达国家，也很少有城市能完全采用这种方法。

焚烧秸秆

每年麦收之时，我国北方很多地区的农民都喜欢将收割后的秸秆燃烧掉，以此来增加土地的肥力。但是这种做法会污染空气，焚烧秸秆产生的浓烟中含有大量的一氧化碳、二氧化碳和二氧化硫等有毒气体，会对人的健康产生不良影响。

▲ 秸秆燃烧

△ 垃圾填埋

合理处理垃圾

现在，世界各国都在采用比较合适的方法来处理垃圾。很多国家采用了一种控气型的垃圾焚烧炉，这种焚烧炉能够将垃圾处理做到无害化，避免了二噁英的产生。

生物处理

把城市垃圾制成堆肥施于农田，是处理和消纳城市垃圾经济、有效的重要方法。许多科学家认为，这是一种最终的处置方式，是最切合实际的生物处理方法，是一种良好的有机质循环，也是资源的再利用。近年来，科学技术的发展和堆肥设施的改善，相应地带动了堆肥工艺的进步。这主要表现在堆肥周期缩短，机械化程度提高，劳动强度降低，堆肥质量提高，环境卫生得到改善等。

▽ 垃圾堆肥

空气污染大事件

造成空气污染的原因，既有自然因素也有人为因素，但人为因素起到决定性作用。如工业废气、汽车尾气和核爆炸等都会造成严重的空气污染。在世界上曾出现过许多空气污染的大事件，这些大事件造成了大量的人员伤亡和财产损失。

▲ 池塘漂浮的死鱼

北美死湖事件

北美东部的工业区每年向大气中排放二氧化硫 2 500 多万吨。从 20 世纪 70 年代开始，这些地区出现了大面积酸雨区，酸雨比番茄汁还要酸，多个湖泊和池塘漂浮死鱼，湖滨树木枯萎。

马斯河谷烟雾事件

1930 年 12 月 1 日，整个比利时被大雾笼罩。马斯河谷地段的居民有几千人出现呼吸道疾病症状，63 人死亡。最后，人们认定二氧化硫气体和三氧化硫烟雾是此次事件的元凶。

▲ 现在的马斯河谷

我和环保

如果家里发生煤气泄漏，首先要用潮湿的毛巾捂住口鼻，打开窗户透气通风，再关掉明火、电源等。如果有人因煤气中毒而昏迷，一定要把他带到室外呼吸新鲜空气，再送往医院。

多诺拉烟雾事件

1948年10月26日，美国宾夕法尼亚州多诺拉镇持续大雾，工厂排放的大量污染物被封闭在山谷中，空气中散发着刺鼻的二氧化硫气味，小镇中6 000多人突然发病，20多人死亡。

多诺拉镇烟雾

二氧化硫泄漏事故

2007年4月16日，我国贵州省息烽县小寨坝镇发生二氧化硫气体泄漏事故。附近居民和学生先后有450人出现昏迷、抽搐等症状，其中有141名学生被分别送进当地3家医院接受治疗。

医院的急诊科

空气研究

人类的生存离不开空气，空气对人的重要性不言而喻。更好地研究和利用空气已经成为重要的学科。气象研究让人们能实时了解天气状况，指导生活生产；空气动力研究让飞机的性能更加优越，让汽车跑得更快、更节省资源……

气象卫星

气象学

气象学是研究大气层内各层大气运动的规律、对流层内发生的天气现象和地面上旱涝冷暖的学科。它的研究范围包括厚约3 000千米的大气层中发生的各种常见的天气现象。

天气预报

气象专家利用卫星拍摄云团的图像、观测地球大气层的变幻、测量气压等，再利用计算机计算出云团在未来的运动情况，这样就可以更加准确地预报天气了。

我和环保

汽车、火车、飞机、潜水艇等外形常做成表面光滑、形状像水滴的流线型。因为这种形状的物体在空气、水等流体中运动时，所受到的阻力最小。

空气动力学

空气动力学是研究物体在空气中做相对运动时的受力特性、气体流动规律和伴随发生的物理、化学变化。它是随着航空工业和喷气推进技术的发展而成长起来的一个学科。

飞机的动力学应用

飞机是靠空气提供的升力飞上蓝天的。原来的飞机在飞行速度接近声速时，飞行器的阻力突增，升力骤降，操纵性和稳定性极度恶化。后来出现的跨声速巡航飞行、机动飞行等技术才解决了这个问题。

▼ 在高空飞翔的飞机

中国环境现状

中国加入世界贸易组织（WTO）后，经济快速增长，成为全球经济增长的重要引擎，全球资源的需求和消耗急剧增加，导致环境恶化，各种环境问题集中爆发。

二氧化碳的排放

目前，我国已经成为仅次于美国的全球第二大温室气体排放者。1994年，我国的二氧化碳排放总量为40.6亿吨，而2004年达到了61亿吨，年均增长率约为5%。

我和环保

热带雨林被称为“地球之肺”，但它却遭到严重的破坏。我国已经成为全球最大的热带雨林木材进口国。市场上大约50%的热带雨林木材被运往中国。

汽车尾气污染

臭氧的消耗

我国是世界上消耗臭氧层物质的主要生产和消费国之一。1999 年，我国成功地将消耗臭氧层物质的生产和使用保持在 1995~1997 年的水平，但对臭氧层的破坏还在继续。

遭酸雨破坏的森林

华南酸雨区

煤炭中含有大量的氮和硫，而煤炭是我国主要的能源。我国华南地区煤炭丰富，这里的酸雨问题目前也十分严重，且没有得到有效治理。

化学污染

我国是化学品生产与消费大国。快速扩张的化工行业生产和消费了更多的化学品，它们对全球空气、水以及土壤的污染影响巨大，特别是持久性有机污染物对人体健康危害极大。

作为中国人，我们应该珍惜我们美好的家园，自觉保护环境。

拯救大气

自工业革命以来，人类已经将大量的各种类型的大气污染物排入天空。面对日渐污浊的天空，我们不得不扪心自问：围绕地球的大气圈究竟变成了什么模样？也有越来越多的人发出了“救救我们的大气”的呼声。

颁布法令

英国在1952年和1956年经历了两次伦敦烟雾事件后，颁布了《清洁空气法》，禁止伦敦市的家庭、工厂和发电站燃烧煤，家庭煮饭取暖改用煤气和电等。美国也于1963年颁布了《清洁空气法案》。

绿色植物

绿色植物最重要的功能是换气功能，它能提供新鲜的氧气，维持着生物圈的平衡和发展。人类现在已经认识到森林对生命发展的重要性，我国政府在1999年已下达禁止砍伐天然林的命令。

▼ 砍伐天然林

保护臭氧的法令

1987 年，世界气象组织和各国政府开会协商订立了《蒙特利尔议定书》,限制使用消耗臭氧的氟利昂等来保护大气的臭氧层。我国也制定了一系列的法令来控制污染源,如《中华人民共和国气象法》和《中华人民共和国环境保护法》。

我和环保

每年的 4 月 22 日是“世界地球日”，其目的是唤起人类爱护地球、保护家园的意识，促进资源开发与环境保护的协调发展。

空气监测器

空气监控

为了掌握空气污染的情况,许多国家建立了空气污染监测站。例如,英国建立了约 1 500 个空气污染监测站，我国也建立了大气本底监测站。

空气污染治理

人们的生活生产将干净、清新的空气污染了，生活在这样污浊的环境里，必定不会有好处。因此必须治理空气污染。人们可以利用环境的自净能力，综合运用各种防治技术控制空气环境质量，消除或减轻空气污染。

集中供热

矮小的烟囱排放的烟尘是空气污染的主要来源。因此可以集中供暖，用规模较大的热电厂和供热站代替千家万户的炉灶。这样既可以减少污染，保护环境，还能节约能源，提高能源利用率。

排放烟尘的烟囱

植树

植树绿化

植物具有吸收有毒有害气体和净化空气的功能。植物能吸附大量飘尘，是空气的天然过滤器。茂密的丛林能够降低风速，使气流挟带的大颗粒灰尘降下来，还能防止沙漠面积扩大。

太阳能

调结构、提效率

解决空气污染问题，首先要改善能源结构，可以使用天然气及二次能源，还可使用太阳能、风能等清洁能源。另外，中国能源的利用率仅为30%，提高能源利用率的潜力还很大。

我和环保

汽车尾气是城市空气污染的主要原因。因此必须减少汽车尾气排放。人们可以减少开车的次数，多乘坐公共交通工具，或者骑自行车，这样既能减少污染，又能锻炼身体。

合理规划

工厂应设在城市的下风向。在工厂与城市生活区之间，要有一定间隔距离。植树造林、绿化，可以减轻空气污染。对会产生严重污染的企业要实行关停或迁移等措施。

工厂

世界环境保护组织

近200年来，世界环境日益恶化，为了保护我们共同的家园，世界各国人民和政府都已行动起来，各种官方或非官方的环保组织纷纷成立，发挥它们最大的力量来保护环境。这些组织已经成为了世界环境的拯救者和捍卫者。

联合国环境规划署

联合国环境规划署成立于1973年，是领导世界环境保护运动的专门机构。多年来，该组织领导了一系列卓有成效的环境保护运动，促使国际社会签订了多项保护环境的协议和公约。

UNEP

联合国环境规划署标志

绿色和平组织

绿色和平组织，1970年在加拿大成立，总部设在伦敦。绿色和平组织已在25个国家设有办事处。作为国际性民间组织，其在环境保护运动中的意义和作用不同凡响。

绿色和平组织的公益行动

大自然保护协会

大自然保护协会成立于 1951 年，是从事生态环境保护的国际非营利非政府组织。该协会致力于保护具有重要生态价值的陆地和水域，以维护自然环境，提升人类福祉。

我和环保

中华环保联合会是中国民间的环保组织。该协会为政府提供环境决策建议，为公众和社会提供环境法律权益的维护，为社会提供公共环境信息和组织环境宣传教育活动。

IUCN

▲ 国际自然及自然资源保护联盟标志

国际自然及自然资源保护联盟

国际自然及自然资源保护联盟成立于 1948 年。该协会致力于保护自然环境和生物种群，设有生态系统管理委员会、物种生存委员会、世界自然保护地委员会、环境法律委员会、教育与通讯委员会、环境经济社会政策委员会等六个委员会。

▼ 保护野生动物，实现人与自然和谐共处。

环境科学丛书

Series of Environmental Science

清新的空气